Walter Beier

Wilhelm Conrad Röntgen

In der populärwissenschaftlichen Sammlung

Einblicke in die Wissenschaft

mit den Schwerpunkten Mathematik – Naturwissenschaften – Technik werden in allgemeinverständlicher Form

- elementare Fragestellungen zu interessanten Problemen aufgegriffen,
- Themen aus der aktuellen Forschung behandelt,
- historische Zusammenhänge aufgehellt,
- Leben und Werk bedeutender Forscher und Erfinder vorgestellt.

Diese Reihe ermöglicht interessierten Laien einen einfachen Einstieg, bietet aber auch Fachleuten anregende, unterhaltsame und zugleich fundierte Einblicke in die Wissenschaft.

Jeder Band ist in sich abgeschlossen und leicht lesbar.

Walter Beier

Wilhelm Conrad Röntgen

2., überarbeitete Auflage

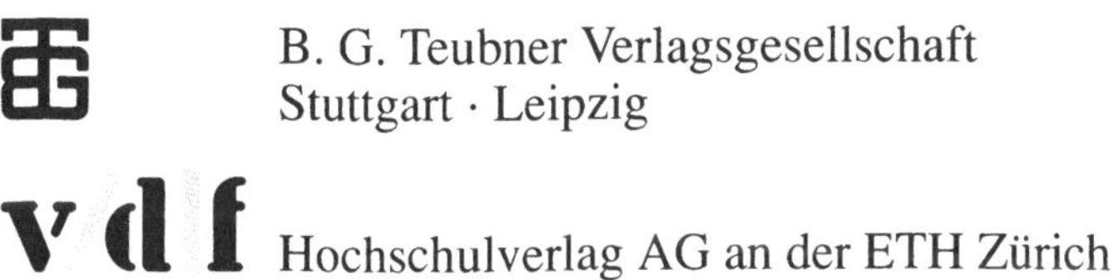

B. G. Teubner Verlagsgesellschaft
Stuttgart · Leipzig

Hochschulverlag AG an der ETH Zürich

Prof. Dr. Walter Beier

D-04229 Leipzig

Bildnachweis:

Deutsches Röntgen-Museum, Remscheid-Lennep: Abb. 1, 2, 10, 11, 12, 13, 14, 15, 16
Philips Medizin Systeme, Hamburg: Abb. 7
Gerd Feth, Wuppertal: Abb. 8

Die Deutsche Bibliothek – CIP-Einheitsaufnahme

Beier, Walter:
Wilhelm Conrad Röntgen / Walter Beier. -
2., überarb. Aufl. -
Stuttgart ; Leipzig : Teubner ; Zürich : vdf, Hochsch.-Verl. an
der ETH Zürich, 1995
 (Einblicke in die Wissenschaft : Wissenschaftsgeschichte)
 ISBN 978-3-8154-2502-2   ISBN 978-3-322-95366-7 (eBook)
 DOI 10.1007/978-3-322-95366-7

Umschlaggestaltung: E. Kretschmer, Leipzig

Vorwort

Im Jahre 1895 entdeckte Wilhelm Conrad Röntgen (1845-1923) die
X-Strahlen, die heute unter dem Namen Röntgenstrahlung wohl fast
jedem bekannt sind. Wer aber kennt Einzelheiten aus dem Leben
dieses großen Physikers?

Zum 150. Geburtstag Röntgens und ein Jahrhundert nach der
sensationellen Entdeckung der X-Strahlen werden im vorliegenden
Buch wesentliche Stationen seines Lebens und ausgewählte Aspekte
seines Schaffens in allgemeinverständlicher Form behandelt.

Der Leser wird in eine Zeit geführt, in der sich stürmische
Entwicklungen auf dem Wege hin zur heutigen Physik vollzogen.
Damals wandten sich nur wenige junge Menschen der Physik zu; einer
von ihnen war Wilhelm Conrad Röntgen.

Mit einfachen und vor allem preiswerten Apparaten gelangen in der
zweiten Hälfte des 19. Jahrhunderts bahnbrechende Entdeckungen.
Beispielsweise mußte Röntgen nur einen Bruchteil seines monatlichen
Professorengehaltes für das Forschungsgerät aufwenden, mit dem die
X-Strahlen erzeugt wurden.

Heute studieren viele junge Menschen Physik. Sie arbeiten mit
komplizierten Geräten und lernen auch Großforschungseinrichtungen
kennen, die zur heutigen Wissenschaftslandschaft gehören. So fällt es
sicher oft schwer, sich vorzustellen, wie mit den einfachen
Apparaturen der Jahrhundertwende epochale Erkenntnisse gewonnen
werden konnten.

In der vorliegenden Schrift wird das historische Geschehen
nachgezeichnet. Dabei werden Unterschiede zwischen der damaligen
und der heutigen Physik deutlich. Außerdem erhält der Leser
Informationen über die Notwendigkeit des Strahlenschutzes und über
Anwendungen der Röntgenstrahlung in Medizin und Technik.

Bei der Erarbeitung des Manuskriptes standen mir zahlreiche Freunde und Fachkollegen mit Rat und Unterstützung zur Seite. Danken möchte ich vor allem: Herrn Ulrich Hennig, Direktor des Deutschen Röntgen-Museums in Remscheid-Lennep, Frau Helga Feth, Frau Doris Rangnick, Frau Rita Streitt, Herrn Prof. Dr. Eckard Gerstenberg sowie Herrn Christian Beier.

Besonderen Dank schulde ich Herrn Marcus Börner für seine Mitarbeit und für das Schreiben des reproduktionsreifen Manuskriptes. Herrn Jürgen Weiß vom Teubner-Verlag in Leipzig danke ich für wertvolle Hinweise und für sein förderndes Interesse.

Möge dieser Band der Reihe "Einblicke in die Wissenschaft" deutlich werden lassen, welche Bedeutung Röntgens Entdeckung für die Prägung des heutigen Weltbildes der Physik hatte.

Berlin/Leipzig, im Januar 1995   Walter Beier

Inhalt

N: 5. Wien, Sonntag den 5. Jänner 1896. 49. Jahrgang.

Eine sensationelle Entdeckung.

In den gelehrten Fachkreisen Wiens macht gegenwärtig die Mittheilung von einer Entdeckung, welche Professor Röntgen in Würzburg gemacht haben soll, große Sensation. Wenn sich dieselbe bewährt, wenn die hierauf bezüglichen Mittheilungen sich als begründet erweisen, so hat man es mit einem in seiner Art epochemachenden Ergebnisse der exacten Forschung zu thun, das sowol auf physikalischem wie auf medicinischem Gebiete ganz merkwürdige Consequenzen bringen dürfte. Wir hören hierüber:

„Professor Röntgen nimmt eine Crookes'sche Röhre — eine sehr stark ausgepumpte Glasröhre, durch die ein Inductionsstrom geht — und photographirt mit Hilfe der Strahlen, welche diese Röhre nach außen aussendet, auf gewöhnlichen photographischen Platten. Diese Strahlen nun, von deren Existenz man bisher keine Ahnung hatte, sind für das Auge vollständig unsichtbar; sie durchdringen, im Gegensatz zu gewöhnlichen Lichtstrahlen, Holzkästen, organische Stoffe und dergleichen undurchsichtige Körper. Metalle und Knochen hingegen halten die Strahlen auf. Man kann bei hellem Tageslicht mit „geschlossener Cassette"

photographiren; das heißt, die Lichtstrahlen gehen den gewöhnlichen Weg und durchdringen auch den Holzdeckel, der vor die lichtempfindlichen Platten geschoben ist und sonst vor dem Photographiren entfernt werden muß. Sie durchdringen auch eine Holzhülle vor dem zu photographirenden Object. Professor Röntgen photographirt z. B. die Gewichtsstücke eines Gewichtskastens, ohne das Holzetui zu öffnen, in welchem die Gewichte aufbewahrt sind. Auf der gewonnenen Photographie sieht man nur die Metallgewichte, nicht die Cassette. Ebenso kann man Metallgegenstände, die in einem Holzkasten verwahrt sind, photographiren, ohne den Kasten zu öffnen. Wie die gewöhnlichen Lichtstrahlen durch Glas gehen, so gehen diese neuentdeckten von der Crookes'schen Röhre ausströmenden Strahlen durch Holz und auch durch — Weichtheile des menschlichen Körpers. Am überraschendsten ist nämlich

die durch den erwähnten photographischen Proceß gewonnene Abbildung von einer menschlichen Hand. Das Bild enthält die Knochen der Hand, um deren Finger die Ringe frei zu schweben scheinen. Die Weichtheile der Hand sind nicht sichtbar.

Einige Proben dieser sensationellen Entdeckung circuliren in Wiener Gelehrtenkreisen und erregen in denselben berechtigtes Staunen."

So weit die knappen Angaben, welche wir über die Entdeckung des Würzburger Gelehrten bisher in Erfahrung bringen konnten. Sie klingen wie ein Märchen oder wie ein verwegener Aprilscherz. Wir betonen ausdrücklich noch einmal, daß die Sache von ernsten Gelehrten ernst genommen wird. Es wird wol in allernächster Zeit bereits in den Laboratorien die Sache sehr eingehend geprüft und zu einer weiteren Entwicklung gebracht werden. Die Physiker werden ihre Studien über die bisher unbekannte Lichtleitung machen, welche Gegenstände durchdringt, die als undurchdringlich für das Licht gegolten haben und den Lichtstrahlen aus den Crookes'schen Röhren den Durchgang ebenso gestatten, wie eine Glasscheibe dem Sonnenlichte. Die Bladinder auf dem speciellen Gebiete der Photographie werden binnen Kurzem die Entdeckung von allen Seiten auf den Leib rücken und Versuche anstellen, wie dieselbe vervollkommt, wie sie practisch verwerthet werden könne; für diese practische Verwerthung wieder werden sich die Biologen und Aerzte, insbesondere zunächst die Chirurgen lebhaft interessiren, weil sich hier ihnen eine Perspective auf einen neuen, sehr werthvollen diagnostischen Behelf zu öffnen scheint.

Es ist angesichts einer so sensationellen Entdeckung schwer, phantastische Zukunftsspeculationen im Style eines Jules Verne von sich abzuweisen. So lebhaft bringen sie auf Denjenigen ein, der hier die bestimmte Versicherung dort, es sei ein neuer Lichtträger gefunden, welcher die Beleuchtung hellen Sonnenscheins durch Bretterwände und die Weichtheile eines thierischen Körpers trägt, als ob dieselben von krystallhellem Spiegelglase wären. Die Zweifel müßten sich bescheiden, wenn man vernimmt, daß das photographische Beweismaterial für diese Entdeckung vor den Augen ernster

Kritiker bisher Stand zu halten scheint. Vorläufig sei nur darauf hingewiesen, welche Wichtigkeit für die Diagnose von Knochenverletzungen und Knochenkrankheiten es haben würde, wenn es bei einer weiteren, rein technischen Entwicklung dieses neuen photographischen Verfahrens gelingt, nicht nur eine menschliche Hand in der Weise zu photographiren, daß auf einem Bilde die Weichtheile nicht erscheinen, wol aber eine genaue Zeichnung der Knochen. Der Arzt könnte dann zum Beispiel die Eigenart eines complicirten Knochenbruches ganz genau kennen lernen ohne die für den Patienten schmerzliche manuelle Untersuchung; der Wundarzt könnte sich über die Lage eines Fremdkörpers im menschlichen Leibe, einer Kugel, eines Granatensplitters, viel leichter als bisher und ohne die oft so qualvollen Untersuchungen mit der Sonde unterrichten. Für Knochenkrankheiten, die auf keine traumatische Ursache zurückzuführen sind, wären solche Photographien, vorausgesetzt, daß die Verfertigung derselben gelingen sollte, ebenso ein werthvoller Behelf für die Diagnose wie bei dem einschlägigen Heilverfahren.

Und läßt man der Phantasie weiter die Zügel schießen, stellt man sich vor, daß es gelingen würde, die neue Methode des photographischen Processes mit Hilfe der Strahlen aus den Crookes'schen Röhren so zu vervollkommen, daß nur eine Partie der Weichtheile des menschlichen Körpers durchsichtig bleibt, eine tiefer liegende Schichte aber auf der Platte fixirt werden kann, so wäre ein unschätzbarer Behelf für die Diagnose zahlloser anderer Krankheitsgruppen als die der Knochen gewonnen. Eine solche Errungenschaft, ein solcher Fortschritt auf der einmal eröffneten Bahn will ja, die Richtigkeit der ersten Prämisse vorausgesetzt, nicht außer dem Bereiche aller Möglichkeit erscheinen. Wir gestehen, daß dies Alles überkühne Zukunftsphantasien sind. Aber — wer im Anfange dieses Jahrhunderts gesagt hätte, das Enkelgeschlecht werde von der Kugel im Auge getreue Bilder fertigen und mit Hilfe eines elektrischen Apparates Zwiegespräche über den großen Ocean bin und wieder führen können, hätte sich auch den Verdachte ausgesetzt, dem Irrenhause entgegenzureifen. Wir wollten nur beiläufig andeuten, nach welcher Richtung hin des Würzburger Gelehrten sensationelle Entdeckung neuartige Perspectiven eröffnen kann.

Abb. 1: Bericht über Röntgens Entdeckung in der Wiener Zeitung "Die Presse" vom 5. Januar 1896

Das unsichtbare Licht

Eine Entdeckung wird bekannt

Am 5. Januar des Jahres 1896 überraschte eine sensationelle Mitteilung die Leser des Wiener Blattes "Die Presse". Auf der ersten Seite dieser Ausgabe war zu lesen, ein gewisser Professor Röntgen habe am 8. November 1895 eine neue Art von Strahlen entdeckt, die undurchsichtige Materialien zu durchdringen vermögen und es sogar erlauben, in den menschlichen Organismus hineinschauen zu können (Abb. 1).

Wie kam es zu dieser ersten Veröffentlichung über die Entdeckung der X-Strahlen in einer Zeitung? Am 28. Dezember 1895 hatte der Würzburger Professor für Physik, Dr. Wilhelm Conrad Röntgen, dem Sekretär der Physikalisch-Medizinischen Gesellschaft an der Universität Würzburg das Manuskript einer Arbeit mit dem Titel "Eine neue Art von Strahlen" eingereicht. Darin beschreibt Röntgen seine am 8. November 1895 gemachte Entdeckung. Das Manuskript wurde umgehend gedruckt. Röntgen übersandte stets zahlreichen Physikern Sonderdrucke seiner Veröffentlichungen. Zu diesem Kreis gehörte auch der Wiener Universitätsprofessor Franz Exner. In den 70er Jahren des 19. Jahrhunderts hatte er zusammen mit Röntgen bei August Kundt (1839-1894) in Zürich Physik studiert, und in Straßburg waren beide Assistenten bei Kundt gewesen.

Zu einem Diskussionsabend brachte Professor Exner den Sonderdruck der Röntgenschen Arbeit sowie die photographische Aufnahme einer menschlichen Hand mit, auf der nicht nur deutlich die Knochen und die Gelenke zu erkennen waren, sondern auch der Ring, der sich am vierten Finger befand (Abb. 2).

Diese Aufnahme, die Röntgen seinem Sonderdruck beigefügt hatte, erregte bei den Diskussionsteilnehmern großes Aufsehen. Und schließlich führte eine Indiskretion zur ersten Veröffentlichung in der

Tagespresse: An der Exnerschen Diskussionsrunde hatte auch Professor Lecher (1856-1926) aus Prag teilgenommen. Er lieh sich diese Aufnahme für kurze Zeit von Exner aus. Noch am selben Abend zeigte er sie seinem Vater, der damals Redakteur der Wiener Zeitung "Die Presse" war.

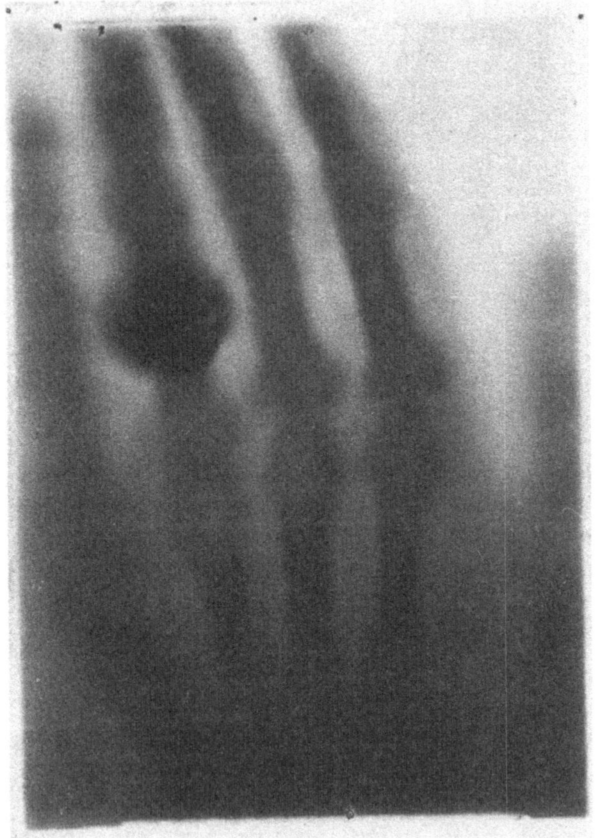

Abb.2: Röntgenaufnahme von Frau Röntgens Hand (aufgenommen am 22. Dezember 1895)

Dieser erkannte sofort die Bedeutung der Röntgenschen Veröffentlichung für sein Blatt. Von seinem Sohn erbat er sich eine kurze sachliche Zusammenfassung, die dann am 5. Januar unter der Überschrift "Eine sensationelle Entdeckung" als erster allgemeinverständlicher Artikel über die neue Art von Strahlen erschien.

Ein Mitarbeiter der Redaktion dieser kleinen Zeitung machte schließlich den Wiener Vertreter des "Daily Chronicle" auf den Artikel aufmerksam, der sofort nach London telegrafierte, und binnen weniger Wochen wurde Röntgens Entdeckung in der ganzen Welt bekannt. Selten hat eine naturwissenschaftliche Entdeckung einen so tiefen Eindruck auf das Publikum gemacht. Vielleicht würde in unserer Zeit die Mitteilung, ein Forscher habe ein sicheres Mittel gegen bösartige Erkrankungen des Menschen oder gegen sein Altern gefunden, ähnliche Wirkungen auslösen.

Daß der sensationelle Bericht ein so großes Echo in der Welt erfuhr, lag wohl nicht zuletzt auch daran, daß der fünfzig Jahre alte Professor für Experimentalphysik sich in Fachkreisen schon seit langem den Ruf eines tadellosen Experimentators und Forschers erworben hatte, der es verstand, Top-Themen der damaligen Physik erfolgreich zu bearbeiten. So war seine Mitteilung über eine neue Art von Strahlen durchaus glaubwürdig, wenn auch anfangs der eine oder andere seiner Fachkollegen noch Zweifel hegte.

Ferdinand Braun (1850-1918), der Erfinder der Braunschen Röhre, die heute in Form der Bildröhre unserer Fernsehgeräte beinahe in jeder Wohnung vorzufinden ist, äußerte sich über Röntgens Mitteilung wie folgt:

Bisher war der Röntgen doch ein ganz vernünftiger Mensch.

Doch schon bald traten phantasiebegabte Menschen auf, die Anwendungsmöglichkeiten der X-Strahlen, wie sie Röntgen zunächst nannte, entdeckten. Manche vermuteten sogar, daß die Verwendung der X-Strahlen in Operngläsern es ermöglichen würde, die Schauspieler auf der Bühne des Theaters künftig als Skelette betrachten zu können. Dieses Mißverständnis brachte einen Abgeordneten des amerikanischen Staates New Jersey dazu, einen Gesetzesvorschlag einzubringen, nach dem der Gebrauch von X-Strahlen in Operngläsern in Theatern verboten werden sollte. Auch Thomas Alva Edison (1847-1931), der Erfinder, dem wir den Phonographen, das Megaphon und die elektrische Glühlampe verdanken, beschäftigte sich sofort mit den Röntgenstrahlen. In seinem Labor, so berichteten die Zeitungen, wurde Tag und Nacht gearbeitet, um die X-Strahlen technisch und kommerziell auszuwerten. Dabei soll eine Drehorgel die Mitarbeiter munter gehalten haben.

Staunend müssen wir heute feststellen, welche große Aufregung die Entdeckung in den ersten Monaten des Jahres 1896 auslöste. Nach wenigen Wochen kannte die ganze Welt die X-Strahlen, und viele Wissenschaftler begannen, sich damit zu beschäftigen.

Schon am 17. Januar 1896 veröffentlichte der Hamburger Physiker Voller zusammen mit seinem Bericht über die Entdeckung Röntgens die mit den neuen Strahlen gelungene Aufnahme einer lebenden Hand in der französischen Zeitschrift "L'Illustration". Solche und andere Bestätigungen der sensationellen Resultate wurden in den ersten Monaten des Jahres 1896 in größerer Zahl bekannt und trugen viel dazu bei, anfängliche Zweifel zu zerstreuen.

Am 23. Januar 1896 erschien Röntgens Arbeit in der Londoner Zeitschrift "Nature" und am 14. Februar in der amerikanischen "Science". Die französische Zeitschrift "L'Eclairage Electrique" brachte eine vorläufige Mitteilung am 8. Februar 1896. Und das "Fränkische Volksblatt" vermeldete die Entdeckung der X-Strahlen in seiner Ausgabe vom 24. Januar 1896:

Professor Röntgen sprach gestern Abend in der Physikalischen Gesellschaft vor Professoren und Generalen über seine X-Strahlen unter stürmischen Ovationen. Röntgen erklärte bescheiden, es sei nötig, weitere Versuche zu machen. Lenard-Pest habe ihm die Anregung gegeben, seine Entdeckung sei eine Gabe des Zufalls. Zahlreiche Demonstrationen gelangen vorzüglich, die Strahlen durchdrangen Papier, Blech, Holz, Blei und endlich Röntgens und Professor Köllickers Hand. Letzterer bringt ein Hoch auf Röntgen aus, dem Hofrat Schönborn seinerzeit die Anregung gab, zu versuchen, ob die Entdeckung chirurgisch ausnutzbar sei. Röntgen erklärte, es habe ihm die Zeit gefehlt zu den nötigen Versuchen, doch werde er alles aufbieten. Köllicker schlägt vor, die neue Entdeckung "Röntgen-Strahlen" zu nennen (Stürmischer Beifall). Röntgen dankt tiefgerührt.

Seitdem werden die X-Strahlen im deutschsprachigen Raum als Röntgenstrahlen bezeichnet. Auch neue Teilgebiete der Medizin wie die Röntgendiagnostik und die Röntgentherapie tragen den Namen des Entdeckers der Strahlung. Patienten gehen zum Facharzt für Röntgenologie und lassen sich röntgen, eine frühere Maßeinheit der Strahlendosis ist das Röntgen. Der Name der Entdeckers ist somit im deutschen Sprachbereich sowohl Substantiv als auch Verb. Hätten sich diese Begriffe in der deutschen Sprache auch so eingebürgert, wenn der Name des Entdeckers der Strahlen nicht Röntgen, sondern vielleicht Meyer gelautet hätte? Würden wir dann auch zu Meyerologen gehen und uns Meyern lassen?

Im Bergischen Land ist Röntgen ein häufiger Name. Das Telefonbuch von Remscheid, der Stadt, an die Röntgens Geburtsort Lennep 1929 angegliedert wurde, weist heute den Namen Röntgen 38mal aus. Dieser Name ist bezüglich der Einwohnerzahl und der Häufigkeit seines Aufretens in dieser Region vergleichbar mit "Schmidt", "Müller" oder "Meyer" in anderen Teilen Deutschlands. Um so erstaunlicher ist die Verbreitung des Namens "Röntgen" im medizinischen Bereich, was wohl auf die große Bedeutung der Entdeckung Röntgens für die Medizin und für andere Wissenschaften zurückzuführen ist.

Wenn man bedenkt, daß es damals zwar Zeitungen und Telegraphie gab, aber weder Radio noch Fernsehen, und Röntgens Entdeckung trotzdem in so kurzer Zeit weltweit bekannt wurde, dann wird deutlich, wie sensationell die Ergebnisse des Würzburger Physikers waren. Insbesondere beeindruckte die Öffentlichkeit die hohe Durchdringungsfähigkeit der X-Strahlen. Papier, Blech, Holz und auch der menschliche Körper stellten keinen merklichen Widerstand für diese

unsichtbaren Strahlen dar. Ein Platinblech jedoch vermochte die Stah-
lung stark abzuschwächen, auch Blei hatte eine ähnliche Wirkung. Es
gab aber auch Stimmen, die sich ängstlich gegen die Verbreitung der
Röntgenschen "Gespensterbilder" wandten.

In einem Artikel der Londoner Zeitschrift "The Electrician" konnte
man am Schluß lesen:

Wir stimmen jedoch den Tageszeitungen nicht bei, wenn sie diese Ent-
deckung als eine 'Revolution der Photographie' bezeichnen. Es gibt
sicherlich nur wenige Leute, die für ein Porträt sitzen wollen, welches
nur die Knochen und die Ringe an den Fingern zeigt.

Offenbar rührten viele der damals geäußerten Befürchtungen daher,
daß man annahm, die Röntgenphotographie sei identisch mit der gewöhnlichen Photographie. Und der einzige Unterschied wäre, daß die
Röntgenstrahlen das Innere der Körper zu photographieren gestatten.
Wenn uns heute auch manche dieser Befürchtungen kurios erscheinen,
so sollte sich doch die Angst vor den neuen Strahlen in ganz anderer
Art und Weise als erwartet bereits kurze Zeit nach der Entdeckung als
durchaus berechtigt erweisen.

Das Gedicht "Stoßseufzer eines Fürchtsamen", welches im Mai 1896
in den Meggendorfer Humoristischen Blättern erschien und sich in
poetischer Form gegen die Röntgensche Schattenphotographie
wandte, sollte bald eine makabre Bedeutung erlangen. Es beginnt:

Überall Professor Röntgen!
Die Begeist'rung will nicht end'gen.
Mir allein wird bei dem Klange
Dieses Namens schrecklich bange.
Und es faßt mich grauser Schrecken
Mußte er denn auch entdecken
Die memento-mori-Strahlen?
In den Blättern und Journalen
und in allen Auslagfenstern
Wimmelts heute von Gespenstern!

Und endet schließlich:

Darf, soll mich die Furcht nicht lähmen,
Kein Journal zur Hand mehr nehmen,
Und ich fühl's, daß ich zum Schluß
Noch am Gruseln sterben muß!
Schreibt sodann auf meine Truhe,
Daß in mir, der ich hier ruhe,
Ward ein Opfer hingerafft
Der modernen Wissenschaft.

Nun, am Gruseln vor den Röntgenstrahlen mußte keiner sterben, wohl aber an ihren schwerwiegenden biologischen Wirkungen.

Vom ersten Augenblick der Entdeckung der X-Strahlen an beschäftigte Röntgen die Frage nach dem Wesen dieser Strahlung. Handelte es sich um kleinste Teilchen, die in der Lage sind, alle Stoffe zu durchdringen, oder ist es eine Wellenstrahlung, eine Art Licht, mit großem Durchdringungsvermögen und für unser Auge nicht sichtbar? Röntgen bemühte sich vergeblich, diese Frage zu beantworten. Welche Antwort gibt die heutige Physik?

Was ist Röntgenstrahlung - wie entsteht sie?

Während um die Jahrhundertwende in Röntgens Institut und an vielen Orten der Welt mit Röntgenstrahlen experimentiert wurde, war die Frage nach der Art dieser Strahlen unbeantwortet geblieben. Man kannte zwar verschiedene Eigenschaften, aber es blieb unklar, ob es sich um eine Teilchenstrahlung oder um eine Wellenstrahlung handelte.

Außerdem waren an zahlreichen Orten Untersuchungen über die 1896 von Henri Becquerel (1852-1908) entdeckte neue Erscheinung der Radioaktivität aufgenommen worden. Man gelangte rasch zu der Erkenntnis, daß die in der Natur vorkommenden radioaktiven Stoffe drei Arten von Strahlungen aussenden, die heute mit Alpha-, Beta- und Gammastrahlung bezeichnet werden. Die Alphastrahlung besteht aus zweifach positiv geladenen Heliumatomen, was 1909 Ernest Rutherford (1871-1937) durch den Nachweis des beim Zerfall entstehenden Heliums bewiesen hatte. Betastrahlen sind schnellfliegende freie Elektronen. Diese Strahlung ist damit der die Röntgenstrahlung auslösenden Kathodenstrahlung wesensgleich. Gammastrahlung, so hatte Pierre Curie (1859-1906) schon im Jahre 1900 erkannt, ließ sich, ähnlich wie Röntgenstrahlung, weder von einem magnetischen noch von einem elektrischen Feld ablenken. Allerdings wurde die Gammastrahlung beim Durchgang durch einen Stoff weniger stark absorbiert als die Röntgenstrahlung. Somit entsprach die Gammastrahlung einer harten Röntgenstrahlung, die allerdings im Gegensatz zur Röntgenstrahlung eine Kernstrahlung darstellt.

Röntgen hatte bereits in seinen ersten Experimenten mit den neuen Strahlen versucht, Beugungserscheinungen zu erhalten, jedoch ohne Erfolg. Er bemerkte aber ihre geradlinige Ausbreitung. Die naheliegende Vermutung, daß die Strahlen ultraviolettes Licht seien, konnte er nicht bestätigen, da keine merkliche Brechung zu beobachten war. Allerdings fand er, daß eine gewisse Verwandtschaft zwischen den neuen Strahlen und den Lichtstrahlen zu bestehen schien. Deshalb glaubte Röntgen zunächst, die neuen Strahlen longitudinalen Schwingungen im Äther zuschreiben zu müssen.

Das Auftreten von Beugungserscheinungen, so wie wir sie z. B. bei der Beugung des Lichtes an einem Spalt sehen können, hätte sofort die Wellennatur der neuen Strahlen bewiesen. Doch auch in seiner dritten Mitteilung mußte Röntgen feststellen:

Seit dem Beginn meiner Arbeiten über die X-Strahlen habe ich mich wiederholt bemüht, Beugungserscheinungen mit diesen Strahlen zu erhalten, aber ich habe keinen Versuch zu verzeichnen, aus dem ich mit einer genügenden Sicherheit die Überzeugung von der Existenz einer Beugung der X-Strahlen gewinnen könnte.

Als Albert Einstein (1879-1955) im Jahre 1905 seine Quantenenergiebeziehung ausgesprochen hatte, kam der Gedanke auf, diese in umgekehrter Form auf die Entstehung und die Natur der Röntgenstrahlung anzuwenden. Unter der Annahme, daß die Röntgenstrahlung dem Licht wesensgleich sei, ergibt sich bei einer Röhrenspannung von 30 000 Volt eine Wellenlänge der Röntgenstrahlung, die etwa 10 000 mal kleiner als die des sichtbaren Lichtes ist.

Etwa zur gleichen Zeit berichtete der englische Physiker Charles Glover Barkla (1877-1944) über Versuche, die als eine mögliche Polarisierbarkeit der Röntgenstrahlen gedeutet werden konnten. Diese Eigenschaft besitzen transversale Wellen, beispielsweise Lichtwellen.

Barkla entdeckte noch eine andere Eigentümlichkeit: Die Röntgenstrahlung, welcher Art sie auch immer sei, ist keine einheitliche Strahlung. Sie besteht vielmehr aus zwei Komponenten. Die Durchdringungsfähigkeit der einen Komponente hängt von der kinetischen Energie der sie auslösenden Elektronen der Kathodenstrahlung ab; die andere Komponente tritt erst bei einer bestimmten Elektronenenergie auf. Dann aber sofort in voller Stärke.

Dies war eine damals nicht deutbare Entdeckung. Heute wissen wir, daß Barkla die Bremsstrahlung und die charakteristische Strahlung entdeckt hatte. Damit war zum ersten Male eine atomspezifische Röntgenstrahlung gefunden worden. Für die Entdeckung der charakteristischen Röntgenstrahlung der Elemente erhielt Barkla 1917 den Nobelpreis für Physik. Barkla und Henry Moseley (1887-1915) gelten heute als die Begründer der Röntgenspektroskopie. Weil die Frequenz der von einem Atom emittierten charakteristischen Röntgenstrahlung nahezu proportional zum Quadrat seiner Ordnungszahl ist (Moseleysches Gesetz), gelingt eine spektroskopische Bestimmung des betreffenden Atoms.

Doch um 1910 war die Natur der Röntgenstrahlung noch immer ungeklärt. Die meisten dachten wohl an eine Art Teilchenstrahlung, vergleichbar der Kathodenstrahlung, aber ohne elektrische Ladung. Der entscheidende Beweis, daß es sich bei der Röntgenstrahlung um eine Wellenstrahlung, um eine Art Licht handelt, war noch nicht erbracht. Es fehlte der Nachweis von Beugungs- und Interferenzerscheinungen der Röntgenstrahlung, so etwa, wie wir sie für das Licht beim Durchgang durch einen Spalt nachweisen können.

Wenn die Einsteinsche Abschätzung der Wellenlänge der Röntgenstrahlung zutraf, dann müßte die Spaltweite sehr klein sein, etwa 10 000 mal kleiner als die Spaltweite für den Nachweis der Beugung des Lichtes. In Erweiterung der Versuche Röntgens ließ der Physiker Wichard Pohl (1894-1976), dem die Studierenden der Physik ein hervorragendes Lehrbuch ihres Fachbereichs verdanken, Röntgenstrahlen durch einen langen, keilförmigen Spalt mit extrem scharf geschliffenen Kanten hindurchgehen, dessen Spaltbreite allmählich gegen Null ging. Das auf einer in einiger Entfernung hinter dem Keilspalt stehenden photographischen Platte aufgenommene Keilbild deutete mit einer Verbreiterung am Spaltende auf eine mögliche Beugung der Röntgenstrahlung hin. Wurde diese Verbreiterung als ein Beugungsbild gedeutet, so ergab sich aus dem Ablenkungswinkel eine Wellenlänge, wie sie auch aus der Einsteinschen Quantenbeziehung folgt.

Im Jahre 1912 gelang es dann, die Beugung der Röntgenstrahlen nachzuweisen und so ihre Wellennatur zu demonstrieren. Dieses

Verdienst gebührt Max von Laue (1879-1960), der zusammen mit Walter Friedrich (1883-1968) und Paul Knipping (1883-1935) zeigen konnte, daß Röntgenstrahlen beim Durchgang durch Kristalle gebeugt werden und Interferenzen entstehen. Aus diesen Beugungsbildern konnte die Wellenlänge der benutzten Röntgenstrahlen abgeschätzt werden. Sie war etwa 10 000 mal kleiner als die des sichtbaren Lichtes. Diese Werte standen in Übereinstimmung mit den aus der Einsteinschen Quantenbeziehung berechneten Wellenlängen und auch mit den Abschätzungen, die aus dem Pohlschen Keilspaltversuch folgten. Alle diese Ergebnisse bestätigen: Röntgenstrahlen sind elektromagnetische Wellen, also Licht mit sehr kleiner Wellenlänge.

Die Idee, deren Realisierung zu dieser Erkenntnis führte, stammte von Max von Laue. Wenn die Kristalle, so dachte er, aus regelmäßig in einem Raumgitter angeordneten Atomen bestehen, dann müssen ihre Abstände etwa einige hundertmillionstel Zentimeter betragen. Haben die Röntgenstrahlen, wie die Versuche von Pohl oder die Abschätzung mit Hilfe der Quantenbeziehung erwarten lassen, eine Wellenlänge, die etwa ein Zehntel dieser Größe ausmacht, so müssen sie beim Durchgang durch diese Kristalle die gleichen Beugungsbilder liefern wie die fast 10 000 mal größeren Lichtwellenlängen beim Durchgang durch einen optischen Spalt oder durch ein optisches Strichgitter mit 10 000 mal größeren Spaltabständen.

Über 15 Jahre wurde intensiv, aber erfolglos an diesem Problem gearbeitet, bevor es 1912 gelang, Beugungsbilder mit der neuen Strahlungsart zu erhalten.

Es muß für Röntgen ein erregender Augenblick gewesen sein, als Max von Laue ihn 1912 in das Sommerfeldsche Institut bat, um sich einige mit Röntgenstrahlen erzeugte Bilder anzuschauen, welche Walter Friedrich, damals Assistent bei Arnold Sommerfeld (1868-1951), und Paul Knipping, ein Student mit gerade beendeter Doktorarbeit, auf Max von Laues Vorschlag hin gemacht hatten und die sie für Beugungsbilder hielten. Die Experimente waren im Institut des theoretischen Physikers Arnold Sommerfeld durchgeführt worden, den Röntgen von Göttingen nach München geholt hatte, um seinen schon in Würzburg gehegten Wunsch nach Einrichtung einer Professur für theoretische Physik zu verwirklichen. Sommerfeld hat dann den Begriff der Bremsstrahlung geprägt, der auch Röntgens Zustimmung fand.

Im Vorwort seiner berühmt gewordenen, in Buchform erschienen Vorlesung über theoretische Physik schreibt Sommerfeld:

Zweier Namen möchte ich im Rückblick auf meine Vorlesungszeit dankbar gedenken; Röntgen und Felix Klein. Röntgen hat nicht nur, durch Berufung in einen bevorzugten Wirkungskreis, die äußeren Bedingungen für meine Lehrtätigkeit geschaffen, sondern er hat deren wachsende Auswirkung durch lange Jahre hindurch mit förderndem Wohlwollen verfolgt.

Felix Klein (1849-1925), Mathematiker in Göttingen, hatte Sommerfelds mathematischen Auffassungen jene Richtung gegeben, die den Anwendungen in der Physik am besten angepaßt war.

Röntgen hätte 1895/96, als er den Durchgang von Röntgenstrahlen durch Kristalle studierte, durchaus die von v. Laue, Friedrich und Knipping beobachteten Beugungsfiguren sehen können, aber die Unvollkommenheit der damaligen Röntgenröhren erlaubte nicht jene sehr langen Belichtungszeiten, die Friedrich anwendete und die in Verbindung mit der verbesserten medizinischen Röntgentechnik schließlich zum Erfolg führten (Abb. 3).

Röntgen ließ sich sehr genau die benutzte Apparatur beschreiben und prüfte die Aufnahme. Schließlich gratulierte er Friedrich und Knipping zu ihrem Experiment und sagte:

Aber Beugungsbilder sind das nicht. Die sehen anders aus.

Doch bald mußte Röntgen einsehen, daß Friedrich und Knipping tatsächlich mit ihrer Apparatur die Beugung der Röntgenstrahlen an einem Kristallgitter bewiesen hatten. Die Vermutung Max von Laues konnte bestätigt werden.

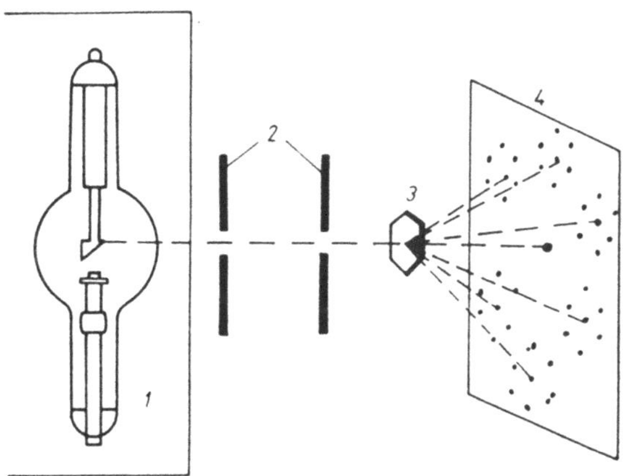

Abb. 3: Prinzip der von Friedrich und Knipping benutzten Versuchsanordnung zum Nachweis der Welleneigenschaften der Röntgenstrahlen: (1) Röntgenröhre, (2) Blenden, (3) Kristall, (4) Photoplatte, auf der das entstehende Beugungsbild angedeutet ist

Allerdings hatte Röntgen mit seiner Bemerkung, daß Interferenzerscheinungen anders aussehen würden, in gewissem Sinne schon recht. So liefert die Beugung des Lichtes an einem Spalt bei Verwendung von monochromatischem Licht als Interferenzfigur das bekannte parallele Streifensystem. Im Gegensatz zum einfachen Strichgitter hat man es bei der Verwendung von Kristallen mit einem räumlichen Kreuzgitter zu tun, und die Interferenzerscheinungen bestehten aus einem quadratischen Muster von Lichtpunkten mit nach außen abnehmender Größe und Helligkeit. Dieses konnte Röntgen noch nicht bekannt sein, da es erst mit Hilfe der von ihm entdeckten Strahlen möglich war, solche Interferenzerscheinungen an Kristallen zu beobachten.

In einer gemeinsamen Abhandlung, deren theoretischer Teil von M. v. Laue stammt, haben W. Friedrich und P. Knipping ihre Experimente beschrieben, die zur Klärung der Natur der Röntgenstrahlung geführt haben. A. Sommerfeld legte diese Abhandlung am 8. Juni 1912 der Bayerischen Akademie der Wissenschaften vor.

Max von Laue hatte bereits am 6. Juni an einige seiner Freunde eine Postkarte verschickt, auf der die gewonnenen Röntgenstrahlinterferenzen abgebildet waren. Diese Karte enthielt die Aufforderung, man solle ihm die physikalische Lösung dieses "Bilderrätsels" mitteilen. Einige vermuteten Interferenzen an einem Kreuzgitter unbekannter Struktur. Keiner hatte jedoch an Röntgenstrahlen und Kristalle gedacht.

Einer der Empfänger dieses "Bilderrätsels" war der Professor für theoretische Physik Hans Happel aus Tübingen. Er schenkte dieses historische Dokument der Physik Professor Walter Gerlach (1889-1979), dem zweiten Nachfolger auf dem Lehrstuhl Röntgens an der Münchener Universität. Da Interferenzerscheinungen sowohl bei Longitudinalwellen (die Materieteilchen schwingen in Richtung der Wellenausbreitung, wie z. B. bei den Schallwellen) als auch bei Transversalwellen (die Feldgröße schwingt senkrecht zur Ausbreitungsrichtung, wie z. B. bei den Lichtwellen) auftreten, bedurfte es nun noch des Nachweises der Polarisation der Röntgenstrahlen, um zeigen zu können, daß es sich um transversale Wellen handelt. Dabei versteht man unter der Polarisation einer elektromagnetischen Welle die Herstellung einer Welle mit einer zeitlich unveränderlichen Schwingungsebene ihres elektrischen Feldvektors.

Von den im Bereich des sichtbaren Lichtes bekannten Verfahren zur Herstellung des polarisierten Lichtes, die auf der Doppelbrechung, der Reflexion oder der Streuung beruhen, hat sich die Steuung, wie sie schon Barkla aufgrund seiner Reflexionsexperimente vermutet hatte, als Bestätigung der Polarisation erwiesen. Auch die Ergebnisse der sogenannten Compton-Streuung lieferten - bei der Interpretation der Röntgenstrahlen als transversale Wellen - die Polarisierbarkeit. Später wurde mit Hilfe von Kristallen auch die Doppelbrechung nachgewiesen.

Damit war evident, daß die Röntgenstrahlen transversale Lichtwellen sehr kleiner Wellenlänge sind, die man in das weite Spektrum der elektromagnetischen Wellen einzuordnen hat, das von den Rundfunkwellen über das sichtbare Licht bis hin zu den Gammastrahlen reicht.

Die Experimente, welche Friedrich und Knipping auf Anregung von Max von Laue 1912 durchführten, eigneten sich auch zur Strukturaufklärung. So führt ein polychromatisches Röntgenlicht, also eine Röntgenstrahlung, welche einen Spektralbereich stetig umfaßt, beim Auftreffen auf einen ruhenden Kristall stets zu Interferenzerscheinungen. Ordnet man hinter dem Kristall eine Photoschicht so an, daß die Wellennormale senkrecht auf dieser steht, dann erzeugt das Interferenzfeld Schwärzungen, welche in ihrer Gesamtheit das Röntgendiagramm des betreffenden Kristalls liefern.

Die auf einem Röntgendiagramm wahrnehmbare Anordnung der Interferenzpunkte läßt eine mit der Symmetrie der Atomanordnungen im Kristall in unmittelbarem Zusammenhang stehende Symmetrie erkennen. Ein so erhaltenes Interferenzbild heißt heute auch Laue-Diagramm.

Einen anderen Weg der Strukturaufklärung mit Röntgenstrahlen beschritten William Henry Bragg (1862-1942) und sein Sohn William Lawrence Bragg (1890-1971). Sie begannen mit monochromatischem Röntgenlicht zu experimentieren und drehten während des Versuches den Kristall um eine Achse. Indem die einzelnen an den verschiedenen Netzebenen selektiv reflektierten Röntgenbündel miteinander interferieren, entsteht auf einem den Kristall zylindrisch umgebenden Film eine Drehkristallaufnahme, welche besonders geeignet ist, die Gitterkonstante des Kristalls bei bekannter Wellenlänge der Röntgenstrahlung zu bestimmen.

Nachdem die Wellennatur der Röntgenstrahlung erwiesen war, wurden auch bald Methoden gefunden, um die Wellenlänge der Strahlung unabhängig von der bekannten Gitterkonstante eines Kristalls zu messen. So gelang die Wellenmessung von Röntgenstrahlen dadurch, daß diese mit streifender Inzidenz auf ein sehr feines Strichgitter auffallen. Dadurch werden die Strahlen an diesem etwa so gebeugt, wie die längeren Lichtwellen. Die hierbei auftretende Totalreflexion der Röntgenstrahlung (Glas oder Metall sind für Röntgenstrahlung optisch dünner als Luft) verhindert den Intensitätsverlust, der sonst durch überwiegendes Eintreten in das Glas einträte.

Es war ein weiter Weg, bis die X-Strahlen als das erkannt wurden, was sie tatsächlich sind, nämlich als ein Teil des elektromagnetischen Wellenspektrums. Nur ein kleiner Bereich davon ist für das menschliche Auge sichtbar. Er umfaßt etwa eine Oktave; wenn wir die Wellenlängen angeben, so reicht er von etwa 400 Nanometer bis etwa 800 Nanometer. Alle anderen Wellenlängen sind für unser Auge unsichtbar. Sie bilden eine unsichtbare Umwelt.

Viele Strahlungen gehen von unserer Sonne aus. Das sichtbare Licht hat dabei ein Maximum der Bestrahlungsstärke bei einer Wellenlänge von etwa 478 Nanometer. Diese Wellenlänge ist dem grünen Spektralbereich zugeordnet. Für grüne Farben erweist sich das menschliche Auge als am empfindlichsten, so daß man von seiner Anpassung an das Sonnenlicht sprechen kann. Die Sonnenstrahlung erstreckt sich aber auch auf Wellenlängen beiderseits des sichtbaren Bereiches. Dabei treten ultraviolettes Licht und Röntgenlicht auf. Doch wir finden auch langwellige Strahlung im Infrarotbereich und im Bereich der Zentimeterwellen. Die Wellenlängen der Röntgenstrahlung unserer Sonne reichen bis etwa 3 Nanometer. Sie verursacht verschiedene Störungen in der irdischen Ionosphäre. Durch die Absorption der solaren Röntgenstrahlung treten Dissoziationen und Ionisationsvorgänge an den in den oberen Schichten der Atmosphäre vorhandenen Stickstoff- und Sauerstoffmolekülen auf. Die Sonne und andere extraterrestrische Systeme sind Strahlungsquellen, die lange vor der Entdeckung der Röntgenstrahlung auf der Erde Strahlungen in diesem Wellenbereich erzeugten und noch erzeugen.

Heute, 100 Jahre nach Röntgens Entdeckung, wissen wir, daß Röntgenstrahlung durch Bremsung leichter Teilchen, insbesondere Elektronen, oder durch Elektronenübergänge zwischen den Energieniveaus der Atomhülle des bremsenden Materials entstehen, und wir unterscheiden deshalb Bremsstrahlung und charakteristische Strahlung.

Die Bremsstrahlung besitzt ein kontinuierliche Spektrum, d. h., alle Wellenlängen bis herab zu einer minimalen Wellenlänge, welche der Maximalenergie der abgebremsten Teilchen entspricht, kommen im Spektrum vor.

Die charakteristische Röntgenstrahlung liefert ein Linienspektrum, welches für das bremsende Material charakteristisch ist und sich dem Bremsspektrum überlagert. In der Radiologie wird vornehmlich die Bremsstrahlung eingesetzt. Eine Ausnahme bildet z. B. die Mammographie mit der charakteristischen Röntgenstrahlung des Molybdäns.

Röntgenröhren - einst und jetzt

Um die Entwicklung der ersten Röntgenröhren hat sich Carl Heinrich Florenz Müller (1845-1912) sehr verdient gemacht. Der in Pisau, einem kleinen thüringischen Ort, im gleichen Jahr wie Röntgen geborene C. H. F. Müller war ursprünglich Kunstglasbläser. Seit 1874 beschäftigte er sich mit der Herstellung von Geißlerschen und Crookesschen Röhren. In dieser Zeit gründete er eine elektrische Kraft- und Lichtzentrale und stellte hervorragende elektrische Glühlampen her. Röntgens Entdeckung war für den rastlos tätigen C. H. F. Müller Ansporn, seine Kenntnisse und Erfahrungen, die er sich bei der Herstellung der Gasentladungsröhren erworben hatte, für die Anfertigung von Röntgenröhren zu nutzen. Müllers ausgezeichneten Röhren war es zu danken, daß schon 1896, ein Jahr nach der Entdeckung der Strahlung, das Hamburg-Eppendorfer Krankenhaus mit vorzüglichen Röntgenaufnahmen die ärztliche Welt überraschen konnte. Müllers kleine Fabrik erlangte im Laufe weniger Jahre Weltruf.

Aus diesem Unternehmen wurde einer der größten Hersteller medizinisch-technischer Systeme. 1927 ging die "Specialfabrik für Röntgenröhren" in den Besitz der N. V. Philips "Gloeilampenfabrieken", Eindhoven, über und firmiert heute unter Philips Medizin Systeme, Unternehmensbereich der Philips GmbH, Hamburg.

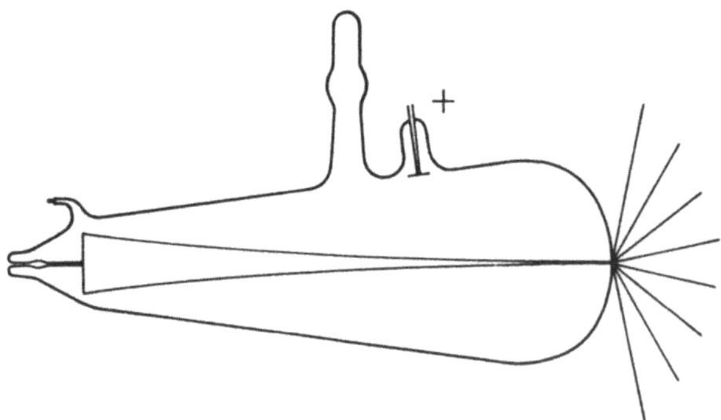

Abb. 4: Prinzipieller Aufbau einer Röntgenröhre aus den Jahren 1895/96

Die Abbildung 4 zeigt eine Röntgenröhre aus der Zeit, in der die Bedeutung des Anodenmaterials für das entstehende Röntgenlicht noch nicht bekannt war. Die Kathodenstrahlen treffen von der Kathode ausgehend auf die Glaswand der Röhre, werden dort gebremst und erzeugen die Röntgenstrahlung. Diese Röhren erlaubten keine größere Belastung. Im Brennfleck der Kathodenstrahlung wurde ihre elektrische Energie zum größten Teil in Wärme umgewandelt, wodurch die Glaswand schmolz. Die Röntgenröhrenfabrikanten sahen sich genötigt, den höheren Leistungen, die von den Kunden gefordert wurden, Rechnung zu tragen und widerstandsfähigere Röhren zu entwickeln. Man ging deshalb dazu über, die Kathodenstrahlung nicht auf die Glaswand auftreffen zu lassen, sondern neben der Kathode und der Anode noch eine dritte Elektrode zwischen Kathode und Anode in die Röhre einzubauen. Diese dritte Elektrode wurde mit der Anode verbunden, und infolge ihrer Stellung gegenüber der Kathode erhielt sie den Namen Antikathode (Abb. 5). An ihrer weiteren Ausgestaltung ist intensiv gearbeitet worden.

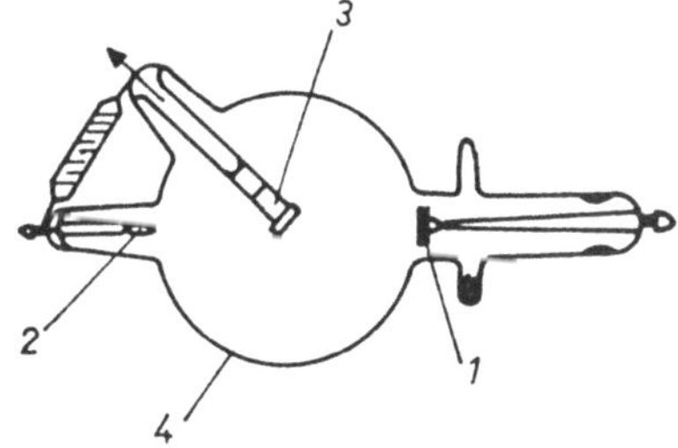

Abb. 5: Schematische Darstellung einer Röntgenröhre des klassischen Typus:
(1) Kathode, (2) Anode, (3) Antikathode, (4) evakuierter Glaskolben

Vor allem ging es um das Abführen der entstehenden Wärmemenge. Dazu wurden drei Wege eingeschlagen:

1) Man vergrößerte die Wärmekapazität der Antikathode dadurch, daß man die Metallmassen derselben vergrößerte.

2) Die hohle Antikathode wurde mit flüssigem oder gasförmigem Kühlmittel gekühlt.

3) Mit Hilfe eines massiven Kühlstabes wurde die im Brennfleck der Antikathode entstehende Wärmeenergie nach außen abgeführt.

Bei den bisher beschriebenen Röhren trat eine Ionisierung des Gasinhaltes ein, es kam zur Entstehung von Kathodenstrahlen und durch deren Abbremsung auf der Antikathode zur Entstehung von Röntgenstrahlung. Diese Art der Erzeugung, die auch Röntgen angewandt hatte, bildete lange Zeit die Grundlage für die sogenannten klassischen Röntgenröhren.

Mit den Arbeiten von Arthur Rudolph Wehnelt (1871-1944) und Owen Williams Richardson (1879-1959) über das Elektronenemissionsvermögen glühender Metalle und Metalloxide begann die Ära der "Modernen Röntgenröhren". Von der Tatsache ausgehend, daß glühende Metalldrähte Elektronen zu emittieren vermögen, wurde jeweils eine Glühkathode in hoch evakuierte Röntgenröhren eingebaut. Ein elektrisches Feld beschleunigt die Elektronen. Ihre Abbremsung auf der Anode erzeugt dann die Röntgenbremsstrahlung. Die erste Röhre dieser Art entwickelte J. E. Lilienfeld. Zwei Jahre später konstruierte W. D. Coolidge (1873-1975) im Versuchslabor von General Electric in den USA die nach ihm benannte Röhre.

Diese Coolidge-Röhren sind Dioden, die im Sättigungsgebiet betrieben werden. Ihr prinzipieller Aufbau besteht aus einem Vakuumgefäß mit Glühkathode und Anode. Zwischen beiden liegt eine elektrische Gleichspannung an, die Anodenspannung. Durch sie werden die infolge thermischer Emission durch den Heizstrom aus der Glühkathode ausgelösten Elektronen beschleunigt. Diese treffen nach Bündelung durch einen Wehneltzylinder auf die Anode auf, wo etwa 1 % ihrer kinetischen Energie in Röntgenstrahlung und der Rest in Wärme (Notwendigkeit der Anodenkühlung) sowie in sichtbares Licht umgewandelt wird. Eine rotierende Anode aus Wolfram oder Molybdän, die von einem Drehstrommotor angetrieben wird, bewirkt eine Verteilung der im Brennfleck umgesetzten Leistung auf einen Kreisring des Anodentellers (Drehanodenröhre). Mit zunehmender Anodenspannung wächst die Härte der Röntgenstrahlen, mit zunehmendem Heizstrom ihre Energieflußdichte, worunter man die Summe der Energie aller Photonen versteht, die in einer bestimmten Zeit durch eine senkrecht zur Ausbildungsrichtung der Strahlung stehende Fläche hindurchtreten (Abb. 6). Der wesentliche Vorteil gegenüber der traditionellen Röntgenröhre besteht darin, daß man die Härte der Röntgenstrahlung unabhängig von ihrer Intensität einstellen kann.

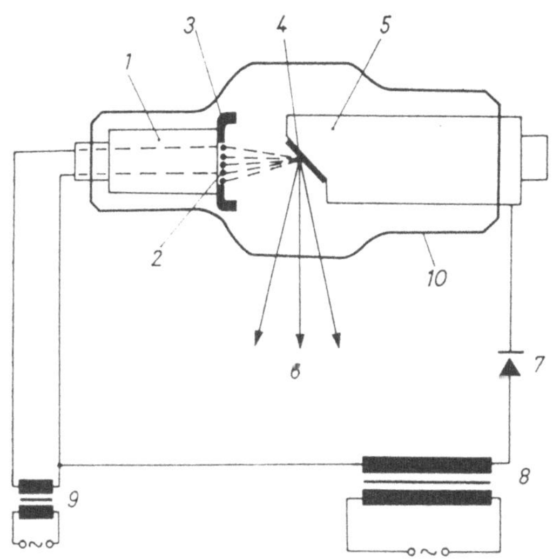

Abb. 6: Schematische Darstellung einer Röntgenröhre modernen Typus: In einen evakuierten Glaskolben (10) münden die Kathode (1) und die gekühlte Anode (5) ein. Der Heiztransformator (9) bringt den Heizfaden (2) der Kathode (1) auf Elektronenemissionstemperatur. Ein Hochspannungstransformator (8) erzeugt in Verbindung mit einem oder mehreren Ventilen (7) eine Gleichspannung, die so an der Röntgenröhre anliegt, daß die Anode (5) positiv gegenüber der Kathode (1) ist. Dadurch werden die von dem Heizfaden (2) der Kathode (1) emittierten Elektronen im elektrischen Feld zwischen Kathode (1) und Anode (5) beschleunigt und treffen mit einer kinetischen Energie, die proportional zur Anodenspannung ist, auf dem Wolframtarget (4) der Anode (5) auf. Eine Elektronenoptik (Wehneltzylinder (3)) sorgt für eine Bündelung des Elektronenstrahles. Auf der Anode (5) entsteht ein Brennfleck (Fokus), von dem die Röntgenstrahlung (6) ausgeht

Die Abbildung 7 zeigt die technische Ausführung einer heutigen Röntgenröhre. Man erkennt die gedrungene abgeschirmte Bauweise.

Die eigentliche Röntgenröhre befindet sich im rechten zylinderförmigen Teil. Deutlich ist der Drehanodenteller zu erkennen. Die Bauweise der heutigen Röntgenröhren ist ihrem Verwendungszweck angepaßt. Im medizinischen Bereich unterscheidet man Therapie- und Diagnostikröhren. Die letzteren haben sehr kleine Brennfleckdurchmesser.

Abb. 7: Schnittdarstellung der modernen Röntgenröhre "maximus Rotalix ceramic 200 CT" der Firma Philips Medizin Systeme

Von den Anfängen der Röntgendiagnostik und der Röntgentherapie

Röntgens Entdeckung der X-Strahlen fand sehr schnell begeisterte und zustimmende Aufnahme bei Ärzten und Patienten. Das unsichtbare Licht wurde zu einer bedeutenden Bereicherung der medizinischen Diagnostik und Therapie.

In Wien gab es schon sehr früh Anstöße zur Röntgendiagnostik. Dort hatte - wie schon beschrieben - Franz Exner von Röntgen selbst erste mit Hilfe der X-Strahlen erhaltene Aufnahmen geschickt bekommen, und am 5. Januar 1896 meldete eine Wiener Tageszeitung die Entdeckung. So erhielt schließlich die Ärzteschaft Impulse, sich mit den neuen Strahlen zu beschäftigen.

Am gleichen Tag fand in Berlin eine Sitzung der "Deutschen Physikalischen Gesellschaft" statt, an der auch Max Planck (1858-1947) teilnahm. Er berichtete, daß die Mitteilung über die Entdeckung der X-Strahlen "begreiflicherweise allgemeines Staunen erregte".

Einen Tag später, am 6. Januar 1896, hielt der Berliner Internist und Psychiater Moritz Jastrowitz im "Berliner Verein für Innere Medizin" einen Vortrag mit dem Titel: "Die Röntgenschen Experimente mit Kathodenstrahlen und ihre diagnostische Auswertung". Dieser Vortrag wurde in der "Deutschen Medizinischen Wochenzeitschrift" abgedruckt und erschien am 30. Januar 1896. Er ist die erste wissenschaftliche Abhandlung über die Verwendung der neuen Strahlen in der Medizin. Jastrowitz bezeichnete diese Strahlen in seiner Veröffentlichung, wie auch Röntgen selbst, als X-Strahlen. Seine Veröffentlichung schließt mit den Sätzen:

Für die Medizin ist die Sache augenscheinlich wichtig. Die Chirurgie dürfte daraus jedenfalls Vorteil durch Knochenphotographien am Lebenden ziehen. Fracturen, Luxationen, Auftreibungen, Fremdkörper wird man gut erkennen; ... Es ist auch möglich, daß wir im Inneren des Körpers, in den Leibeshöhlen, falls die Strahlen deren Decken

passieren, manche Veränderungen erkennen werden, vielleicht dichte-
re Tumoren, welche für die X-Strahlen weniger durchlässig sind ...

Jastrowitz skizziert in seiner Arbeit ausschließlich die diagnostischen
Möglichkeiten. Der Wiener Medizin gebührt das Verdienst, als erste
die Röntgenstrahlung in die Therapie eingeführt zu haben. Es war der
junge, frisch promovierte Wiener Arzt Leopold Freund, der einen ersten Behandlungsversuch wagte. Etwa ein halbes Jahr nachdem die
Röntgenstrahlung in der Diagnostik bereits anerkannt war, behandelte
er ein fünfjähriges Mädchen. Leopold Freund hatte zunächst große
Schwierigkeiten, seine Behandlungen mit Röntgenstrahlen durchführen zu können. Man wollte einem jungen Arzt ungern eines der
neuen Strahlengeräte anvertrauen. Deshalb konnte er seine erste gezielte Röntgenbestrahlung nicht im Wiener Allgemeinen Krankenhaus
durchführen, sondern in der Staatlichen Lehr- und Versuchsanstalt für
Photographie. Diesen ersten Therapieversuch hat der Direktor dieser
Versuchsanstalt J. M. Eder ausführlich beschrieben:

Eines Tages, im November 1896, erschien in der Direktionskanzlei der
von mir geleiteten staatlichen Versuchsanstalt ein junger Mann, der
sich mir als Dr. L. Freund vorstellte. Er hatte ein sonderbares Anlie-
gen. Einer Zeitungsnotiz hatte er entnommen, daß einem amerikani-
schen Ingenieur, der sich viel mit Röntgenphotographie beschäftigt
hatte, dabei die Haare ausgefallen sein sollten. Nun wollte Freund
diese Mitteilung experimentell auf ihre Wahrheit prüfen und, im Fall,
daß seine Versuche eine biologische Wirksamkeit der Röntgenstrahlen
ergeben sollten, letztere zur Behandlung von Krankheiten verwenden.

Eder schildert dann, wie er Dr. Freund einen Funkeninduktor und eine
selbstgebaute Röntgenröhre überließ. Als Objekt diente Freund jenes
fünfjähriges Mädchen, welches durch ein großes tierfellähnliches
Muttermal am Hals und am Rücken so entstellt war, daß die Eltern die
Entfernung der Haare dringend erbaten. Freund bestrahlte seine kleine
Patientin zehn Tage lang jeweils zwei Stunden. Eder fährt in seinem
Bericht folgendermaßen fort:

Eines Tages, als ich gerade in meinem Laboratorium arbeitete, wurde die Tür desselben aufgerissen, unangemeldet, mit dem Zeichen höchster Aufregung stürmte, das kleine Mädchen an der Hand hinter sich herziehend, Freund herein und schrie schon draußen: "Herr Direktor, sie fallen aus!"

Noch war die Frage aber vollkommen offen, ob dieser auffällige Erfolg auf die X-Strahlen selbst oder auf die außerhalb der Röhre entstehenden Luftentladungen zurückzuführen sei.

Die Meinung der Ärzte über diesen ersten Therapieerfolg war recht unterschiedlich. So meinten einige, die vorgestellten Erfolge seien reiner Schwindel. In einer Arbeit aus dem Jahre 1900, die in der "Wiener Klinischen Wochenschrift" erschienen war, steht der Satz:

Die Röntgenstrahlen haben nach diesen Versuchen keine physiologische Bedeutung.

Doch bereits 1896 waren Arbeiten erschienen, in denen auffällige Nebeneffekte nach länger dauernden Röntgenbestrahlungen beschrieben wurden. So schrieb der Stabsarzt E. Sehrwald am 8. Oktober 1896 in der "Deutschen Medicinischen Wochenschrift":

... die so viel besprochenen X-Strahlen die Eigenschaften besitzen, ähnlich den Sonnenstrahlen die Haut zu verbrennen.

Am 9. Juli des gleichen Jahres hatte der Ingenieur O. Leppin berichtet, daß er als Prüfungsobjekt für die Stärke der Röntgenstrahlung, mit der er arbeitete, stets seine linke Hand benutzte. Er beschrieb die Veränderungen, die nach einigen Tagen auftrat, wie folgt:

... eine eigentümliche Röte, erschien geschwollen, und am Mittel- und Ringfinger zog sich je eine Blase zusammen, genau als hätte ich mich dort verbrannt.

Einen Einblick in den Verlauf einer Strahlenschädigung gab der 1896 durchgeführte Selbstversuch des Erfinders und Forschers Elihu Thomson. Er bestrahlte den kleinen Finger seiner linken Hand, den er dicht an die Platinanode einer damaligen Röntgenröhre hielt, eine halbe Stunde lang. Erst nach einer Woche begann sich der Finger zu röten, schwoll an und wurde stoß- sowie druckempfindlich. Thomson machte damit nicht nur andere Forscher auf die Gefahren der Röntgenstrahlen aufmerksam, sondern er gab bereits im Jahre 1896 erste "Strahlenschutznormen" an. Doch leider wurden seine Darlegungen wie auch zahlreiche andere Beschreibungen sehr schwerwiegender Röntgenstrahlenwirkungen nicht genügend verbreitet oder von manchen der früheren Forscher nicht beachtet.

Es kam aber auch die Forderung auf, wegen der schon bekannten Schäden sollte man durch eine allgemeine Übereinkunft die Verwendung von Röntgenstrahlen verbieten und "alle Röhren in das Meer versenken". Die weitere Entwicklung ist jedoch einen anderen Weg gegangen: die humane Nutzung der Röntgenstrahlen dominierte. Aber die Wissenschaft beklagt auch 359 Forscher, Ärzte, Physiker, Röntgentechniker, Laboranten und Krankenschwestern, die als Pioniere der Radiologie ihr Leben ließen. Das berühmte Röntgendenkmal auf dem Gelände des Allgemeinen Krankenhauses St. Georg in Hamburg weist ihre Namen aus. Im Jahre 1940 wurden auf zwei steinernen Tafeln die anfangs gesammelten Namen durch 27 weitere ergänzt. Bis heute wurden abermals 163 Opfer bekannt. Ihre Namen sind auf zwei weiteren Steinplatten eingemeißelt.

Ein schwieriger Anfang

Frühe Kindheit in Lennep

Wer war dieser Physiker Wilhelm Conrad Röntgen, dem im Alter von 50 Jahren eine Entdeckung gelang, die zu einer Weltsensation wurde? Hinter seiner Entdeckung und ihren physikalischen und technischen Möglichkeiten trat der Mensch Wilhelm Conrad Röntgen in den Hintergrund. Da er selbst wenig über sich geschrieben hat und über die Umstände, die zu seiner Entdeckung führten, fast gar nichts, ist es für Biographen nicht leicht, über ihn zu berichten.

Wichtige biographische Werke über Röntgen stammen von den Physikprofessoren Otto Glasser (1895-1964) und Friedrich Dessauer (1883-1963). Glassers große Röntgenbiographie ist 1931 erschienen. Der Schweizer Physiker Ludwig Zehnder (1854-1949), Röntgens Freund und langjähriger Mitarbeiter, der die an ihn gerichteten Briefe Röntgens gesammelt und veröffentlicht hat, vermittelt uns einen tiefen Einblick in die menschlichen Beziehungen zwischen diesen beiden Wissenschaftlern. Von ihm erfahren wir etwas über die geringe Neigung Röntgens, Freundschaften zu schließen. Als Zehnder ihn bei seinen Versuchen in Gießen assistierte, hatte er die Aufgabe, feinste Ausschläge eines Magnetometers abzulesen, ohne daß Röntgen ihm verraten hatte, worum es bei diesen Messungen eigentlich ging.

Röntgen, sicher ein Mensch mit komplexem Charakter, wurde am 27. März 1845 in Lennep geboren. Lennep, heute ein Stadtteil von Remscheid, liegt in der rechtsrheinischen Landschaft zwischen Ruhr und Sieg im Gebiet des ehemaligen Herzogtums Berg . An dem noch erhaltenen Geburtshaus (Abb. 8), einem schönen Fachwerkhaus am Gänsemarkt, befindet sich seit 1920 eine Erinnerungstafel.

Sein Vater, der Kaufmann und Tuchfabrikant Friedrich Conrad Röntgen (1801-1884), wurde ebenfalls in Lennep geboren und entstammt einer angesehenen rheinischen Kaufmannsfamilie. Die Mutter

Abb. 8: Geburtshaus Röntgens in Remscheid-Lennep (Aufnahme 1980)

Charlotte Constanze, geborene Frowein (1806-1880), kam aus einer in Holland ansässigen alten Lenneper Familie. Röntgens Vater und Mutter waren Verwandte, und zwar Vetter und Base. Wilhelm Conrad blieb ihr einziges Kind (Abb. 9).

Der Name "Frowein" ist bereits im 15. Jahrhundert in den Tauf-, Eheschließungs- und Begräbnisregistern Lenneps zu finden. Im 17. Jahrhundert taucht dort auch der Name "Röntgen" auf. Mitglieder beider Familien wanderten im Laufe der Jahrhunderte in die benachbarten Niederlande. Manche Niederländer, die heute die Namen Röntgen oder Frowein tragen, sind blutsverwandt mit Röntgen. So auch die Brüder Louis Ferdinand Henry Röntgen (1831-1908) und Carel August Röntgen (1832-1910), die zur Zeit der Entdeckung der Strahlen eine Likörbrennerei in Deventer betrieben, einem wenige Kilometer nordöstlich von Apeldoorn gelegenen Ort. Ihr Bruder Johann

Matthias Röntgen (1832-1910) wanderte nach Leipzig aus und wurde Konzertmeister des dortigen Gewandhausorchesters. Dieser heiratete in Leipzig Frederika Pauline Klengel. Aus dieser Ehe ging Julius Röntgen (1855-1932) hervor, der in den Niederlanden als berühmter Pianist und Komponist tätig war. Eine Tochter des Carel August Röntgen aus Deventer war Malerin. Sie fertigte, als Röntgen 1898 in den Niederlanden weilte, ein Pastellporträt von ihm an. Das Original ist heute im Besitz eines Enkels von Julius Röntgen.

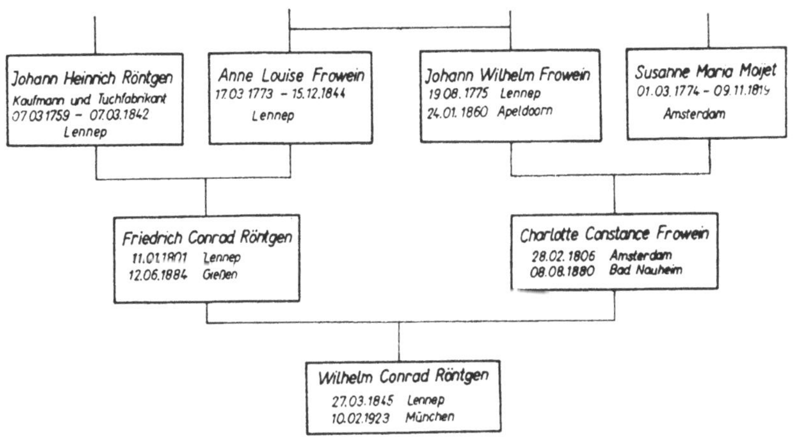

Abb. 9: Auszug aus der Genealogischen Tafel der Familien von Röntgens Vater und Mutter

Besonders enge Beziehungen hatte Röntgen mit der Familie seiner Mutter. Ein jüngerer Bruder der Mutter, Charles August Frowein (1810-1855), wohnte in dem nördlich von Apeldoorn gelegenen Kampen. Dessen Tochter Carolina Augusta Frowein (1843-1935) hatte sich mit dem Notar Jacob Fischer verheiratet. Mit ihren beiden Töchtern, Frau Carolina Augusta Zuyderhof-Fischer (1879-1931) und Johanna Apolonia Dorothea Mörzer Bruyns-Fischer (1886-1969), hat Röntgen viele Jahre in freundschaftlichen Beziehungen gestanden. Röntgens erste Lebensjahre scheinen für die Eltern nicht sorgenfrei gewesen zu sein, denn die Französische Revolution hatte sich 1848 auch auf Preußen ausgebreitet. In den Niederlanden war es jedoch zu keinen Unruhen gekommen. Viele westdeutsche Textilkaufleute wanderten damals nach den Niederlanden aus. Unter ihnen waren auch die Gebrüder Clemens und August Brenninkmeyer. Sie gründeten in den Niederlanden ein Unternehmen, welches heute noch weltbekannt ist. Offenbar waren damals die geschäftlichen Aussichten für Textilkaufleute in den Niederlanden sehr günstig, und dies mag auch Röntgens Vater veranlaßt haben, mit seiner Familie auszuwandern. Die Eltern verkauften das Geburtshaus und zogen nach Apeldoorn. Nach einer erhalten gebliebenen Urkunde wurde am 23. Mai 1848 dem Vater Friedrich Conrad Röntgen der beantragte Consens zur Auswanderung in die Niederlande mit der Bemerkung ausgefertigt,

..., daß mit der Empfangnahme desselben er der Eigenschaft als Preußischer Unterthan entsage ...

So wurde Wilhelm Conrad Röntgen im Alter von drei Jahren Niederländer. Ein Andenken, welches ihn während der folgenden Jahren oft an seine Vaterstadt erinnerte, war das von seinem Vater gebaute Modell des Geburtshauses (Abb. 10), dessen Original heute im Deutschen-Röntgen-Museum in Remscheid aufbewahrt wird.

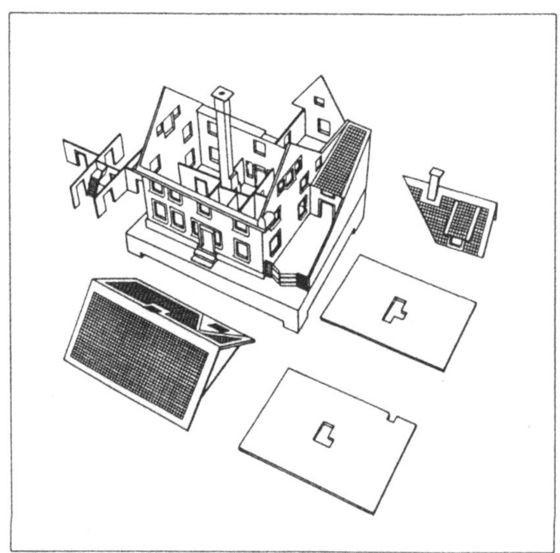

Abb. 10: Das in seine Teile zerlegte Modell von Röntgens Geburtshaus

Von Apeldoorn nach Utrecht

Röntgens Vater erwarb 1850 in Apeldoorn ein Grundstück, auf dem sich heute das Haus an der Hoofdstraat 171 befindet. Bei Arbeiten an seiner südlichen Außenmauer wurde im Oktober 1958 ein Grundstein gefunden. Er weist aus, daß am 22. Oktober 1850 Röntgens Eltern den Namen ihres fünfeinhalbjährigen Sohnes einmeißeln ließen. Um diese Zeit hatte Apeldoorn etwa 11 000 Einwohner. Dort befand sich auch das um 1650 erbaute Schloß. Als Röntgen nach Apeldoorn kam, residierte in diesem Schloß der damalige König. Viele Einwohner von Apeldoorn gehörten der Niederländisch-reformierten Kirche an. Nach den Angaben des Apeldoorner Standesamtes war Röntgens Vater "Nederlandsch Hervormed". Röntgen Mutter aber war Mitglied der Wallonisch-reformierten Kirche.

In Apeldoorn verbrachte Röntgen 14 Lebensjahre. Es müssen recht glückliche Jahre gewesen sein. Der kleine Wilhelm Conrad besuchte die ganz in der Nähe des Elternhauses gelegene Schule des Martinus Hermanus van Doorn.

Am 27. Dezember 1862 verzogen die Röntgens nach Utrecht. Die Stadt hatte damals etwa 57 000 Einwohner. Der beinahe 18 Jahre alte Schüler Wilhelm Conrad Röntgen wohnte im Hause des Utrechter Chemikers Dr. Jan Willem Gunning (1827-1900), der Lektor an der Universität und Lehrer an der Technischen Schule war. Gunnings Haus befand sich in dem Schalkesteeg Stadtteil A Nr. 1060. Später wurde dieses Haus mit dem an der Nieuwe Gracht 62 gelegenen vereinigt. Heute befinden sich Kontore in den Räumen, in denen Dr. Gunning wohnte und in denen auch Röntgen während der Dauer seines Aufenthaltes an der Technischen Schule zu Hause war.

Die Utrechter Technische Schule nahm Knaben im Alter von 14 bis 18 Jahren auf. Der Hauptzweck dieser Schule bestand darin, künftigen Leitern von Fabriken und Unternehmungen die nötigen technischen Kenntnisse zu vermitteln. Das Abschlußzeugnis berechtigte jedoch nicht zum Besuch einer Hochschule, entsprach also nicht einem Reifezeugnis. Wahrscheinlich beabsichtigte Röntgen, später einen technischen Beruf zu ergreifen, vielleicht der Familientradition folgend Tuchfabrikant zu werden.

In einer 1934 erschienen Autobiographie des ältesten Sohnes von Dr. Gunning, des späteren Professors der Pädagogik Dr. J. H. Gunning (1859-1951), der auch Lehrer der Königin Juliane der Niederlande war, steht, daß er sich noch gut an Röntgen und an dessen Familie erinnern kann. Er schildert ihn als einen langen jungen Mann, der ebenso wie seine Eltern vollkommen normal Holländisch sprach. Über den Aufenthalt Röntgens bei der Familie Gunning in Utrecht gibt es aber auch eine persönliche Schilderung Röntgens, die in einem am 3. Januar 1918 von ihm an Margret Boveri geschriebenen Brief steht:

Die Schilderung hat mich lebhaft an meine Jugend erinnert, und zwar an eine Zeit, die ich nicht im Hause meiner Eltern, die in einem ländlichen Ort wohnten, sondern im Kreise einer befreundeten Familie in der holländischen Stadt Utrecht zubrachte. Der Vater war ein tüchtiger Gelehrter, ein fester Charakter und überhaupt ein prächtiger Mensch, der es vorzüglich verstand, auch jungen Leuten den richtigen Weg auf verschiedenen Gebieten zu zeigen.

Röntgens Vater hatte offensichtlich eine gute Wahl getroffen, als er seinen Sohn Wilhelm Conrad auf die Utrechter Technische Schule schickte. Möglicherweise war Vater Friedrich Conrad Röntgen durch eine Broschüre auf diese Schule aufmerksam geworden, die ihr Gründer, ein gewisser Mulder, 1850 herausgegeben hatte. Darin werden die Art des Unterrichts, die Fächer der Schule und ihre Ziele genau umschrieben. Die Schule bestand 16 Jahre lang. Sie beendete ihre erfolgreiche Tätigkeit, als im September 1866 in Utrecht die Staatliche Höhere Bürgerschule eröffnet wurde. Für den jungen Röntgen muß der Umzug aus der elterlichen Villa eines wohlhabenden Kaufmannes in das enge Grachtenhaus seines Utrechter Lehrers Dr. Gunning eine ganz neue Erfahrung gewesen sein. Die Gunnings wohnten mit ihren drei Kindern damals in "ziemlich bescheidenen Verhältnissen". Röntgen nahm Teil an ihrer Lebensweise und lernte Freud und Leid dieser Familie kennen.

Aus den Zeugnissen der Technischen Schule geht hervor, daß Röntgen ein ganz hervorragender Schüler gewesen ist. Nur in Chemie und Physik waren seine Noten weniger gut, in Physik sogar "sehr schlecht". Allerdings steht auf dem Zeugnis, daß er die Schularbeiten nicht abgegeben habe.

Anfang 1865 erfolgte die Berufung Dr. Jan Gunnings zum Chemieprofessor des Athenaeums in Amsterdam, der späteren Universität. Das hat auf Röntgen einen tiefen Eindruck gemacht und sicher dazu beigetragen, das Interesse für die Naturwissenschaften zu wecken. Leider mußte Röntgen die Utrechter Schule vorzeitig verlassen. Es ist wahrscheinlich, daß dies nach seinem letzten Zeugnis erfolgte, welches er am 3. Mai 1864 erhielt. Die Gründe für seine zwangsweise Entfernung aus der Utrechter Schule konnten nie ganz geklärt werden.

Ein Schweizer Freund Röntgens, E. Wöllflin (1873-1960), berichtete wenige Tage nach Röntgens Ableben in den Baseler Nachrichten von der Karikatur eines Klassenlehrers, die ein damaliger Schulfreund Röntgens auf den Ofenschirm gezeichnet habe und die Röntgen, der selbst ein schlechter Zeichner war, besonders gefiel. Der vorzeitig eintretende Lehrer sah das Bild und geriet darüber in großen Zorn. Er verlangte von Röntgen, der das Bild noch betrachtete, den Namen des Missetäters zu nennen. Röntgen aber soll sich geweigert haben, den Namen des Freundes zu nennen. Auch als der Lehrer mit dem Verweis von der Schule drohte, soll Röntgen geschwiegen haben und deshalb von der Schule entfernt worden sein.

Die Frage, ob Röntgen bei dem Konflikt mit seinem Lehrer völlig unschuldig gewesen ist, muß nach W. A. H. van Wylick, der 1975 seine Untersuchungen über Röntgen und die Niederlande vorlegte, offen bleiben. Denn aus einer Schulnotiz vom 2. Mai 1864 geht hervor, daß Röntgens Betragen "zu wünschen übrig läßt". Bereits in einer Notiz vom 1. Februar 1864 war zu lesen, daß der Schüler Röntgen "bei mehreren Dozenten unbescheiden und unangenehm" war. Aber in seinem Zeugnis der Utrechter Technischen Schule steht auch, er sei ein ganz hervorragender Schüler gewesen. Häufig finden sich Zensuren wie "uitmunded" (hervorragend), "zeer goed" und "goed". Im Holländischen war Röntgen ausnahmslos "uitmunded" oder "zeer goed", und auch im Fach Chemie hatte er Noten "zeer goed" und "goed".

Röntgen ist nach seiner Entlassung aus der Utrechter Technischen Schule nicht den bequemen Weg gegangen. Er hat nicht versucht, bei seinem damals 63 Jahre alten Vater im Tuchhandel mitzuarbeiten, um später das Geschäft zu übernehmen. Röntgen nahm vielmehr Privatunterricht in den alten Sprachen. Möglicherweise hatte ihm sein väterlicher Freund Dr. Gunning diesen Rat gegeben. Doch bis zum Zulassungsexamen an der Utrechter Universität, in dem Kenntnisse in den alten Sprachen geprüft wurden, waren es nur acht Monate. In dieser Zeit die alten Sprachen gründlich zu erlernen, dürfte wohl außerordentlich schwer gewesen sein.

Da Röntgen kein Abschlußdiplom eines Gymnasiums oder einer Lateinschule hatte, mußte er gemäß einer Königlichen Verordnung vom 4. August 1853 ein Zulassungsexamen ablegen. Es wurde von der literarischen Fakultät abgenommen. Im Archiv dieser Fakultät der Utrechter Universität findet sich der Vermerk, daß am 14. Januar 1865 acht Aspiranten wünschten, examiniert zu werden. Der fünfte von ihnen war Wilhelm Conrad Röntgen. Bei zwei der acht Personen befindet sich im Register die Notiz "atgewezen" (abgewiesen). Einer der beiden war Röntgen.

Es ist verständlich, daß dieses Ereignis ihn, der sich auf diese Prüfung mit so viel Eifer vorbereitet hatte, zeitlebens veranlaßte, sich über alle Examina mit leisem Spott zu äußern. Noch im Jahre 1920 schrieb er an Frau Boveri, die Tochter seines Freundes Theodor Boveri (1862-1915), der ein berühmter Biologe war und eine Theorie aufgestellt hatte, die als Vorläufer der heutigen Mutationstheorie gilt:

Schülerexamen geben meistens keinen Anhaltspunkt für die Beurteilung der Befähigung für ein bestimmtes Fach; sie sind überhaupt ein - leider - notwendiges Übel. Überhaupt Examina! Sie sind nötig, um manchen von einem Lebensberuf abzuhalten, für den er zu faul oder ungeschickt wäre, und auch das noch nicht einmal immer ... Die wirkliche Probe auf Befähigung zu einem Beruf bringt erst das spätere Leben.

Diese wirkliche Probe auf Befähigung hat Röntgen, wie uns sein weiterer Lebenslauf zeigt, dann auf das Glänzendste bestanden.

Weder die Entlassung aus der Schule noch das nichtbestandene Zulassungsexamen konnten Röntgen entmutigen. Vier Tage nach dem "Durchfall" ließ er sich als Student der Philosophie immatrikulieren. Dazu war keine bestimmte Schulvorbereitung erforderlich. Als Gasthörer belegte er im Jahre 1865 an der Universität zu Utrecht die Fächer Mathematik, Physik, Chemie, Zoologie und Botanik und studierte mit großem Eifer.

In dieser Zeit veröffentlichte er auch seine erste "wissenschaftliche" Arbeit. Es war ein kleines Buch in holländischer Sprache mit dem Titel "Vragen op het anorganisch gedeelte von het Scheikundig leerboek von Dr. J. W. Gunning door W. C. R.". Die Schwierigkeiten, welche Röntgen beim Erwerben chemischer Kenntnisse hatte, veranlaßten ihn, ein kleines Repetitorium zu schreiben, das sich auf ein Lehrbuch von Gunning bezieht und etwa tausend Fragen ohne Antworten auf 58 Buchseiten enthält. Ein erhalten gebliebenes Exemplar trägt die Widmung:

Herrn Professor J. W. Gunning hochachtungsvoll überreicht vom Verfasser.

Im Herbst des Jahres 1865 erfuhr Röntgen, daß das Eidgenössische Polytechnikum in Zürich auch Studenten ohne Reifezeugnis aufnimmt, falls sie eine allerdings sehr strenge Aufnahmeprüfung bestehen. Röntgen bewarb sich sofort um die Ausreise aus den Niederlanden und um eine Niederlassung in der Schweiz. Am 11. November 1865 erhielt er einen Paß. Von der Gemeinde Utrecht bekam Röntgen eine Bescheinigung, daß er Utrecht zu verlassen wünsche, um sich in Zürich niederzulassen, und daß er der Niederländisch-reformierten Kirche angehöre.

Wenige Tage nach Beginn des Wintersemesters traf Röntgen in Zürich ein.

Studium in Zürich

Röntgen war bereits 20 Jahre alt (Abb. 11), als er Ende des Jahres 1865 am Eidgenössischen Polytechnikum in Zürich sein Studium der Maschinenbaukunde aufnehmen konnte. Sein reifes Alter und seine vortrefflichen Zeugnisse, besonders in den mathematischen Fächern der Technischen Schule in Utrecht, die er leider so früh verlassen mußte, sowie sein einjähriger Besuch der Utrechter Universität als Gasthörer, hatten den Direktor der Züricher Anstalt bewogen, Röntgen die Aufnahmeprüfung zu erlassen.

Abb. 11: Der junge Röntgen (H. Pronk, La Haye und Utrecht)

Damit konnte Röntgen seine in Utrecht begonnene Ausbildung fortsetzen. Dort hatte er eine vortreffliche Vorbereitung auf ein Ingenieurstudium erhalten, jedoch nicht auf ein Studium der Physik. Dieses Studium hatte Röntgen beim Eintritt in die Utrechter Schule wohl auch nicht im Sinn. Möglicherweise ist während seiner Schulzeit unter dem Einfluß von Dr. Gunning der Wunsch entstanden, Physik an der Universität zu Utrecht zu studieren. Das gescheiterte Zulassungsexamen verhinderte dieses jedoch, und so wandte sich Röntgen in Zürich wieder dem schulmäßigen Studium der Technik zu.

Er hörte bei hervorragenden Lehrern. Gustav Zeuner (1829-1907) aus Chemnitz versuchte mit Erfolg, das wissenschaftliche Fundament der sich entwickelnden Maschinenindustrie zu schaffen. Carl Culmann (1821-1887), der geniale Begründer der Graphostatik, und der Chemiker Alexander Pompejus Bolley (1812-1870) formten das wissenschaftliche Weltbild des jungen Röntgen genauso wie Rudolf Imanuel Clausius (1822-1888), der Begründer der mechanischen Wärmetheorie, und besonders dessen Nachfolger August Kundt.

Am 6. August 1868 erhielt Röntgen das Diplom als Maschineningenieur der Eidgenössischen polytechnischen Schule. Die schriftliche Diplomarbeit umfaßte die Bearbeitung eines größeren Projektes einer Maschinenanlage. Der theoretische Teil der Arbeit wurde mit der Note $5^3/_4$, der konstruktive Teil mit der Note $4^1/_2$ bewertet. Die Note 6 entsprach damals der besten, die Note 1 der geringsten Bewertung. Aus den vorhandenen Akten und Zeugnissen läßt sich ersehen, daß der Student Wilhelm Conrad Röntgen ein hervorragendes Interesse für die theoretischen Disziplinen gezeigt hat, aber Konstruktionsfragen weniger Neigung entgegenbrachte.

Zugleich scheint er ein freiheitsliebendes und etwas unruhiges Element der Züricher Schule gewesen zu sein, denn er widmete sich nicht nur dem Studium, sondern in seiner Freizeit unternahm er mit einem holländischen Freund viele Bergtouren, und er war auch an so manchem Studentenstreich beteiligt. Röntgens grundsätzliche Lebenseinstellung hat sich wohl während seines Aufenthaltes in den seinerzeit bereits politisch weit entwickelten Ländern Holland und Schweiz gebildet. Dort dürfte auch seine liberale Grundhaltung geprägt worden sein, die er später so oft bewiesen hat.

Den Doktortitel konnte die damalige Eidgenössische Schule nicht verleihen. Da aber im gleichen Hause die Universität untergebracht war, blieb Röntgen ein weiteres Jahr in Zürich und arbeitete seine Studien über Gase aus, die er 1869 der Hohen philosophischen Fakultät dieser Universität vorlegte.

Die Anfertigung seiner Dissertation fällt in die Epoche der Physik, in der die Schaffung der Thermodynamik erfolgte.

Rudolf Imanuel Clausius hatte die Bedeutung einer Größe erkannt, die er Äquivalenzwert, später Verwandlungswert, schließlich Entropie nannte. Die Vereinigung der Gesetze von Edmunde Mariotte (um 1620-1684) und Robert Boyle (1627-1691), wonach das Volumen einer Gasmasse zum darauf lastenden Druck umgekehrt proportional ist, d. h., das Produkt beider bleibt konstant, mit der von Louis Joseph Gay-Lussac (1778-1850) aufgefundenen Tatsache der gleichmäßigen Ausdehnung bei steigender Temperatur war Gegenstand vieler Forschungen der damaligen Zeit. So ist es nicht verwunderlich, daß auch Röntgens Dissertation dieses Thema behandelte.

Das Referat der Arbeit übernahm Mousson, der eigentlich Experimentalphysiker war, aber durch seine Untersuchungen über Schnekken bekannt wurde. Nach einer ausführlichen Darlegung des Inhaltes der Arbeit des Doktoranden schrieb er:

... kann dieselbe als eine größtenteils selbstständige, wissenschaftlich durchgeführte und mit theoretisch interessanten Resultaten abschließende Arbeit bezeichnet werden, wenn auch der Hauptpunkt, die neue Formulierung des Mariotte-Gay-Lussacschen Gesetzes noch nicht als hinlänglich erwiesen betrachtet werden kann. Jedenfalls enthält die eingereichte Schrift mehr als genügende Beweise von gediegenen Kenntnissen und selbständiger Forschungsgabe auf dem Gebiet der mathematischen Physik.

Auf der Grundlage dieser Arbeit konnte Röntgen eine Methode zur Bestimmung des Verhältnisses der spezifischen Wärmekapazitäten für Gase entwickeln. In der von Pierre Simon Laplace (1749-1827) aufgestellten Formel für die Schallgeschwindigkeit in Gasen geht dieses Verhältnis ein, so daß aus der gemessenen Schallgeschwindigkeit seine Größe abgeleitet werden kann. Anstatt der Schallgeschwindigkeit kann auch die Wellenlänge für bestimmte Tonhöhen gemessen werden. Hierzu eignete sich besonders die von August Kundt angegebene Methode des Nachweises stehender akustischer Wellen in einem Glasrohr mit Hilfe der nach ihm benannten Staubfiguren. Feiner Staub ordnet sich in den Schwingungsknoten in eigentümlich geschichteten Häufchen an, so daß aus dem Abstand zweier aufeinanderfolgender Häufchen die halbe Schallwellenlänge bestimmt werden kann.

Röntgen ermittelte mit dieser Methode das Verhältnis der spezifischen Wärmen, wie die spezifische Wärmekapazität damals genannt wurde, für einatomige und mehratomige Gase. Die Ergebnisse sind in einer zweiten wissenschaftlichen Veröffentlichung dargelegt, welche 1870 in Poggendorffs Annalen der Physik und Chemie erschienen ist. Sie fand sofort wissenschaftliche Anerkennung und wird noch in den Lehrbüchern des beginnenden 20. Jahrhunderts neben den Methoden von Pierre Louis Dulong (1785-1838), August Kundt und Nicolas Leduc (1856-1937) genannt.

Noch während Röntgen an seiner Dissertation arbeitete, wurde ihm klar, daß sein schweizerisches Ingenieurdiplom auch in den Niederlanden von Wert sein könnte. Vielleicht dachte er daran, wie sein ehemaliger Lehrer Dr. Gunning Lektor an einer Universität und später einmal Hochschullehrer zu werden. So schrieb Röntgen, ausgestattet mit einem wohlwollenden Attest des früheren Direktors der Technischen Schule zu Utrecht und seinem schweizerischen Ingenieursdiplom, am 20. April 1869 ein Gesuch an König Willem III. In diesem bittet er seine Majestät, ihm auf Grund eines 1863 erlassenen Gesetzes die Befugnis zum Unterricht in mechanisch-technischen Fächern an niederländischen höheren Lehranstalten zu verleihen. Am 9. Juni 1869 gab der König Röntgens Gesuch statt. Röntgen hat jedoch von dieser Befugnis niemals Gebrauch gemacht.

In Zürich lernte er Anna Bertha Ludwig (1839-1919) kennen. Sie war schon zu dieser Zeit oft kränklich und weilte dann lange Zeit zur Kur auf dem bei Zürich gelegenen Ütli-Berg, einem Kurort mit ausgedehntem Panorama nach allen Richtungen, bis in die Alpen. Als Röntgen seinen Eltern mitgeteilt hatte, daß er sich verloben wolle, kamen sie in die Schweiz, um Anna Bertha Ludwig kennenzulernen. Sie erteilten die elterliche Zustimmung zur Verlobung, und Anna Bertha reiste mit ihren zukünftigen Schwiegereltern nach Apeldoorn, um die holländische Art der Haushaltsführung zu erlernen. Nachdem am 19. Januar 1872 der Apeldoorner Bürgermeister Mr. P. M. Tutein Nolthenius die bürgerliche Eheschließung vorgenommen hatte, vollzog der Pastor C. F. Gronemeijer (1838-1930) in der Niederlän-disch-reformierten Kirche in Apeldoorn die kirchliche Trauung.

Röntgen lernte in Zürich aber nicht nur seine spätere Frau kennen, sondern auch den hochbegabten Physiker August Kundt. Dieser war im Alter von 29 Jahren als Nachfolger von Clausius auf den Lehrstuhl für Physik an das Züricher Polytechnikum berufen worden. Mit Kundt begann Röntgen seinen Weg als Physiker, mit ihm ging er auch 1870 nach Würzburg, wo Röntgen 1895 die neue Art von Strahlen ent-deckte.

Eine schicksalhafte Begegnung

August Kundt (Abb. 12) war ein ideenreicher Experimentalphysiker, dem es oft gelang, mit einfachen Mitteln schwierige meßtechnische Probleme zu lösen.

Abb. 12: Der Physiker August Kundt (1839-1894)

Ein Beispiel sind die Staubfiguren, mit deren Hilfe die Schallgeschwindigkeit in einer stehenden Welle in Gasen oder Flüssigkeiten bestimmt werden kann. Er erfand auch ein nach ihm benanntes Manometer zur Untersuchung der Druckverhältnisse in einer tönenden Pfeife. Das Kundtsche Manometer besteht aus einem mit Wasser gefüllten U-Rohr, dessen zwei Öffnungen mit aus dünnem Papier oder Gummi hergestellten Ventilen versehen sind. Das eine Ventil öffnet nach innen, spricht also auf äußere Luftverdichtungen an, das andere nach außen und reagiert somit auf äußere Luftverdünnungen. Das Manometer wird an einem Faden in die senkrecht stehende tönende

Pfeife gesenkt und gestattet so, den Druckunterschied zwischen dem Bauch und dem Knoten der Luftschwingung in der Pfeife zu bestimmen.

Als Kundt den Lehrstuhl am Züricher Polytechnikum übernommen hatte, begann er sofort, seine Vorlesungen über Experimentalphysik mit zahlreichen Versuchen zu unterbauen. In bescheidenen Räumen richtete er "Physikalische Übungen" ein. Für diese Übungen suchte Kundt einen Assistenten, und seine Wahl fiel auf Röntgen. Wir wissen nicht, was Kundt bewogen haben mag, ausgerechnet Röntgen zu engagieren, der keine Physikausbildung, sondern ein Ingenieurstudium absolviert hatte. Eines Tages begegneten sich beide, und Kundt fragte:

Was wollen Sie eigentlich mit ihrem Leben einmal anfangen?

Und als Röntgen antwortete, daß er das noch nicht wüßte, meinte Kundt, er soll es doch einmal mit der Physik versuchen. Röntgen mußte bekennen, daß er sich damit so gut wie gar nicht beschäftigt habe. Darauf erwiderte Kundt, das ließe sich wohl noch nachholen. Als dieses Gespräch stattfand, war Röntgen 24 Jahre alt. Er zögerte keinen Augenblick und wandte sich nun intensiv der Physik zu.

Mit August Kundt hatte er einen Lehrer gefunden, der in ihm die Liebe zur Experimentalphysik weckte und dabei besonders die Fähigkeit vermittelte, mit selbstgebauten Apparaturen zu experimentieren. Vor allem aber prägte Kundt sein physikalisches Denken. Röntgen wurde Experimentalphysiker, und als Kundt 1870 an die Universität Würzburg berufen wurde, nahm er seinen bewährten Assistenten mit.

In Würzburg arbeitete Röntgen an seiner Habilitationsschrift, doch als er sie dem Dekan der alten traditionsgebundenen Universität vorlegte, verweigerte ihm dieser, trotz aller Einsprüche von Kundt, die Habilitation. Möglicherweise spielte dabei Röntgens mangelhafte altsprachliche Vorbildung eine Rolle. In ganz Bayern war damals die Habilitation ohne das Reifezeugnis eines Gymnasiums unmöglich. Jedoch durfte ein Dozent, der sich bereits auswärts habilitiert hatte, berufen werden.

Glücklicherweise dauerten diese Schwierigkeiten, die Röntgens wissenschaftlicher Laufbahn im Wege standen, nicht lange, denn Kundt wurde 1872 an die neugegründete Reichsuniversität in Straßburg berufen, wohin ihm Röntgen folgte. Zuvor hatte er am 19. Januar 1872 in Apeldoorn Bertha Anna Ludwig geheiratet; fast 50 Jahre sollte er mit ihr in glücklicher, aber kinderloser Ehe leben.

In Straßburg habilitierte sich Röntgen schließlich am 13. März 1874, und somit konnte er sich als Privatdozent an dem neuerrichteten Physikalischen Institut niederlassen. Seit dem ersten Gespräch mit Kundt, welches Röntgen veranlaßte, Physik zu studieren, waren sechs Jahre vergangen. Röntgen hatte diese Zeit intensiv genutzt. Er war nun ein ausgezeichneter Experimentalphysiker geworden. Seiner Berufung auf eine Professur stand nichts mehr im Wege.

Röntgen und die Physik in der zweiten Hälfte des 19. Jahrhunderts

Mit 30 Jahren Professor für Physik und Mathematik

Als 1875 Heinrich Friedrich Weber (1843-1912), Professor für Physik und Mathematik an der Landwirtschaftlichen Akademie zu Hohenheim in Württemberg, an das Polytechnikum nach Zürich berufen wurde, empfahl er der Berufungskommission seiner Universität, als seinen Nachfolger den am Physikalischen Institut der Reichsuniversität zu Straßburg tätigen Privatdozenten Wilhelm Conrad Röntgen zu berufen. Die Kommission folgte dieser Empfehlung, und so wurde Röntgen ein Jahr nach der Habilitation Professor für Mathematik und Physik. Jedoch bereits am 1. Oktober 1876 verließ er die Landwirtschaftliche Akademie zu Hohenheim wieder, um auf Wunsch seines ehemaligen Lehrers Kundt nach Straßburg zurückzukehren und dort als zweiter Physiker das Fach der theoretischen Physik zu vertreten. Damals war die Trennung zwischen Experimentalphysik und theoretischer Physik noch nicht vollzogen, so daß ein Experimentalphysiker durchaus die theoretische Physik vertreten konnte. Röntgen, der einmal gesagt hatte, er benötige die Krücke der Mathematik für seine wissenschaftlichen Untersuchungen nicht, wurde einer der ersten Professoren für theoretische Physik.

Trotz dieser neuen Aufgabe blieb Röntgen Experimentalphysiker. Er schätzte das Experiment als Prüfstein über alles, aber er verlor sich auch nicht, wie manche Vertreter der experimentellen Richtung, im einseitigen Experimentieren und in der bloßen Verbesserung der Technik. Doch liebte er es, ausgeklügelte Apparate zu bauen und damit schwierige, oft an der Grenze des Beobachtbaren liegende Messungen durchzuführen. In Straßburg konnte er zusammen mit Kundt, aber auch allein, eine Reihe wissenschaftlicher Arbeiten durchführen und veröffentlichen, die den Grundstein zu seiner im Jahre 1879 erfolgten Berufung auf das Ordinariat der Physik an der Universität Gießen bildeten.

In den drei Jahren seiner Straßburger Zeit hat Röntgen neun Veröffentlichungen verfaßt, die verschiedenartige Gebiete der Physik betreffen. So studierte er das Verhältnis der Querkontraktion zur Längsdehnung bei Kautschuk. Dieses von Simeon Denis Poisson (1781-1840), einem vielseitigen französischen Forscher auf allen Gebieten der reinen und angewandten Mathematik, eingeführte und von ihm aus einer allerdings nicht ganz zutreffenden Molekulartheorie berechnete Verhältnis ergab, daß der Zahlenwert für alle Stoffe gleich und zwar gleich $1/4$ sein müsse. Mit seinen Experimenten trug Röntgen dazu bei zu zeigen, daß dieser Stoff nicht stoffunabhängig sein kann und auch der Wert $1/4$ nicht zutrifft. Heute ist bekannt, daß das Poissonsche Verhältnis von Material zu Material zwischen 0 und $1/2$ variieren kann.

In zunehmendem Maße widmete sich Röntgen damals aber auch dem Studium der elektromagnetischen Drehung der Polarisationsebene des Lichtes in Gasen. Thomas Young (1773-1829), der den demotischen Text des Steines von Rosette übersetzt und einige ägyptische Hieroglyphen gedeutet hatte, erklärte 1817 die Polarisation des Lichtes durch die Annahme, daß Licht eine transversale Welle sei. Augustin Jean Fresnel (1788-1827) vollendete 1822 die Theorie durch Betrachtung transversaler Wellen in einem elastischen Äther. Michael Faraday (1791-1867) vermutete einen Zusammenhang zwischen Licht und Elektrizität und fand seine Vermutung bestätigt, als er 1845 die Drehung der Polarisationsebene des Lichtes beim Durchgang durch einen magnetischen Körper entdeckte. Dieser als Faraday-Effekt bezeichneten Drehung der Polarisationsebene in einem magnetischen Feld galt Röntgens besondere Aufmerksamkeit. Deshalb suchte er nach einem analogen Effekt im elektrischen Feld. In einem seiner Experimente hatte er die bei bestimmten Substanzen in einem elektrischen Feld auftretende Doppelbrechung schon gesehen. Aber sein Grundsatz, nichts zu veröffentlichen, solange das Resultat nicht nach allen Seiten hin abgesichert war, ließ ihn mit einer Veröffentlichung der Beobachtung zögern. So kam ihm der englische Physiker John Kerr (1824-1907) mit seiner Veröffentlichung dieser physikalischen Beobachtung, die heute den Namen Kerr-Effekt trägt, zuvor. Nach Kerrs Publikation veröffentlichte auch Röntgen seine früheren Beobachtungen und Resultate, ohne dabei in unfruchtbaren Prioritätsstreit zu verfallen.

Da Röntgen sich anschließend weiter mit dem Kerr-Effekt beschäftigte, ist zu vermuten, daß er die großen technischen Anwendungsmöglichkeiten durchaus geahnt hat. Möglicherweise war es seine ursprüngliche Ingenieurausbildung, die ihn immer wieder auch auf technische Probleme zurückkommen ließ, wie z. B. die Arbeit über ein Aneroidbarometer mit Spiegelablesung (1878) erkennen läßt.

Die Arbeiten Röntgens aus der Straßburger Zeit zeigen klar durchdachte Fragestellungen, geschickte experimentelle Durchführungen und immer wieder eine kritische Prüfung der Resultate. Seine damaligen Schüler schildern in ihren Schriften über Röntgen vor allem seine große Vorliebe, mit selbstgebauten Apparaturen zu experimentieren. Selbständigkeit und Produktivität liebte er über alles, und er schätzte jene Menschen besonders, die es verstanden, sich mit geringen Mitteln zu helfen. Als er hörte, daß der Physiker Wilhelm Wien (1864-1928) in seinen Vorlesungen den Studenten versprochen hatte, ganz große Experimente zu zeigen, sagte Röntgen:

Was sollen denn die Lehramtskandidaten, die später mit einfachen Mitteln vortragen müssen, mit diesen im größten Stil ausgeführten Versuchen anfangen?

Berufung nach Gießen

Es war die Synthese aus theoretischen Betrachtungen und experimentellem Geschick, mit welcher der junge Professor Röntgen auf sich aufmerksam machte. Seine Veröffentlichungen erschienen in einer der wichtigsten Fachzeitschrift jener Jahre, in den von Johann Christian Poggendorff (1796-1877) herausgegebenen Annalen der Physik und Chemie. Und daß Röntgens Arbeiten auch allgemeine Anerkennung fanden, beweist nicht zuletzt seine Berufung auf das Ordinariat der Physik an der 1607 gegründeten Universität Gießen.

Mit dieser im Jahre 1879 erfolgten Berufung begannen für Röntgen arbeitsreiche, aber auch lebensfrohe Jahre in einem sich schnell bildenden Freundeskreis. Zu diesem gehörte der Hygieniker Georg Gaffky (1850-1918), Schüler und später Nachfolger von Robert Koch (1843-1910). Gaffky hat als erster 1884 Typhusbakterien in Reinkultur gezüchtet und an mehreren Expeditionen nach Ägypten (1883/84) und Indien (1897) teilgenommen. Nach ihm ist auch eine bakteriologische Skala zur Kennzeichnung der Anzahl der Tuberkelbakterien benannt worden. Auch der Chirurg Rudolph Krönlein (1847-1910), der durch eine Modifikation der Magenoperation bekannt geworden ist, und der Ophthalmologe v. Hippel (1841-1916) gehörten zu Röntgens Freundeskreis.

Die Bekanntschaft mit so hervorragenden Wissenschaftlern der verschiedensten Fachrichtungen hat den wissenschaftlichen Horizont Röntgens ganz wesentlich erweitert und befruchtend auf seine Arbeit gewirkt. Röntgen fand aber auch Zeit zu geselligem Beisammensein. Es war ihm jetzt möglich, eine eigene Jagd zu pachten und so manche Stunde allein oder mit Freunden dort zu verbringen. Nur die Kinderlosigkeit seiner Ehe, die besonders Frau Röntgen sehr schmerzlich empfand, trübte die frohe Gießener Zeit. Röntgen und seine Gattin entschlossen sich daher im Jahre 1887, Frau Röntgens Nichte Josephine Bertha Ludwig (1881-1972) bei sich aufzunehmen. Im Alter von 21 Jahren wurde sie von Röntgens adoptiert.

In der Gießener Zeit Röntgens entstanden 18 Veröffentlichungen, von denen eine weit in ihrer Bedeutung herausragt. Es handelt sich um die 1888 abgeschlossene Arbeit "Über die Bewegung eines im homogenen elektrischen Felde befindlichen Dielektrikums hervorgerufene elektrodynamische Kraft" im Heft 7 der Mathematischen und Naturwissenschaftlichen Mitteilungen aus den Sitzungsberichten der Preußischen Akademie der Wissenschaften.

Bahnbrechende Experimente - auch ohne Strahlen

Röntgens Arbeiten in Gießen fallen in eine Zeit der intensiven experimentellen und gedanklichen Durchdringung der elektrischen und magnetischen Vorgänge. Bis zum Wirken des Physikers James Clerk Maxwell (1831-1879) in den 60er Jahren des 19. Jahrhunderts basierten die theoretischen Ansichten über die elektrischen und magnetischen Erscheinungen im allgemeinen auf der Vorstellung von Fernkräften zwischen elektrisierten, magnetischen oder von elektrischen Strömen durchflossenen Körpern. Nur die 1831 von Michael Faraday entwickelten Vorstellungen wichen in dieser Hinsicht von denen aller anderen Physiker ab.

Faraday, Sohn eines Hufschmieds, sollte eigentlich Buchbinder werden, aber schon während seiner Lehrzeit las er mit großem Eifer physikalische und chemische Schriften. Als er 1812 einige Vorträge des berühmten Chemikers Humphrey Davy (1778-1829) gehört hatte, war sein sehnlichster Wunsch, selbst Chemiker zu werden. Er wechselte den Beruf und begann 1813 bei Davy als Laborant. Dort gelang es Faraday, Chlor zu verflüssigen. Im Jahre 1827 wurde er Davys Nachfolger, später fand er die Gesetze der Elektrolyse, doch seine Hauptbedeutung für die Physik liegt darin, daß er die Kraftlinienvorstellung für die elektrischen und magnetischen Felder entwickelte.

Faraday war jedoch nicht genug Mathematiker, um seiner Auffassung eine nach allen Seiten erschöpfende und widerspruchsfreie Form geben zu können, die sie in den Range einer Theorie erhoben hätte. Dennoch war auch seine Art, die elektrischen Erscheinungen aufzufassen und zu beschreiben, eine mathematische, ohne daß er sich des üblichen mathematischen Formalismus bedient hätte. Dieses gelang 1861/62 Maxwell. Indem er Faradays Ideen in eine strenge mathematische Form brachte, schuf er ein Lehrgebäude, das schon in der Anlage von der Fernwirkungstheorie wesentlich verschieden war und sich bei seinem weiteren Ausbau immer weiter von dieser entfernte. Es entstand die Maxwellsche Feldwirkungstheorie. Danach erfolgten alle elektrischen oder magnetischen Einwirkungen eines Körpers auf einen von ihm getrennten anderen Körper durch Vermittlung des dazwischenliegenden leeren oder von Stoff erfüllten Raumes. Der elektrische Strom in einer ungeschlossenen Leitungsbahn wird durch einen im Dielektrikum anzunehmenden Verschiebungsstrom ergänzt, der in derselben Weise mit der magnetischen Feldstärke verknüpft ist wie der Leitungsstrom. Aus der Maxwellschen Theorie folgt, daß nicht nur der Leitungsstrom von einem Magnetfeld begleitet wird, sondern auch jede mechanisch bewegte elektrische Ladung.

Angeregt durch Hermann von Helmholtz (1821-1894) hatte die Berliner Akademie der Wissenschaften 1865 eine Preisfrage gestellt:

Üben die von Maxwell im Dielektrikum postulierten Ströme eine elektromagnetische Kraft aus?

Röntgen bemühte sich fünf Jahre lang um Beantwortung dieser Frage, für die dann jedoch nie ein Preis vergeben worden ist. Der nächstliegende Versuch, die Äquivalenz zwischen bewegter Ladung und einem elektrischen Strom nachzuweisen, besteht darin, einem geladenen Körper eine große Geschwindigkeit zu erteilen und die magnetische Wirkung dieses künstlichen Stromes nachzuweisen. Henry Rowland (1848-1901), dem wir außerdem eine Methode zur Herstellung von optischen Strichgittern verdanken, ließ eine geladene isolierte Metallscheibe rasch rotieren und erhielt die durch die Maxwellsche Theorie vorhergesagte magnetische Wirkung. Damit war gezeigt, daß die im Metall vorhandenen freien Elektronen bei einer mechanischen Bewegung sich mit einem Magnetfeld umgeben.

Röntgen konnte schließlich nachweisen, daß auch die an der Grenzfläche eines elektrisch polarisierten Dielektrikums, d.h. an der Oberfläche eines in einem Kondensator befindlichen Isolators, sitzenden freien Ladungen bei mechanischer Bewegung einem elektrischen Strom entsprechen und sich mit einem Magnetfeld umgeben. Zu diesem Zweck ließ er zwischen den Platten eines geladenen Kondensators das Dielektrikum rotieren und konnte damit den experimentellen Nachweis für die Gültigkeit der ersten Maxwellschen Gleichung erbringen.

Mit einer zweiten Versuchsanordnung konnte Röntgen zeigen, daß man durch mechanische Bewegungen auch eine Änderung der elektrischen Polarisation erzeugen kann, die ebenfalls gemäß der Maxwellschen Gleichungen ein Magnetfeld hervorruft. Bei dieser Anordnung rotiert wieder das Dielektrikum, jedoch ist jetzt jede der beiden Platten des Plattenkondensators halbiert und jede Hälfte auf entgegengesetztem Potential gehalten. Beim Überschreiten der Trennlinie kehrt daher in jedem Augenblick die Polarisation ihr Vorzeichen um, so daß in der Trennschicht ein vertikaler Verschiebungsstrom fließt. Sein magnetisches Feld konnte mit einem Magnetometer nachgewiesen werden.

Die Sorgfalt, mit der Röntgen seine Experimente ausführte, wird beim Lesen weniger Zeilen seiner bereits vorn genannten Veröffentlichung "Über die durch Bewegung eines im homogenen elektrischen Felde befindlichen Dielektrikums hervorgerufene elektrodynamische Kraft", aus dem Jahre 1888 deutlich:

Ich ließ eine runde Glasscheibe (oder eine Hartgummischeibe) rotieren zwischen zwei horizontalen Condensatorplatten, von denen die obere dauernd zur Erde abgeleitet war, die untere von einer Elektricitätsquelle aus mit positiver bzw. negativer Elektricität geladen werden konnte. Dicht über der oberen Condensatorplatte hing die eine von zwei zu einem sehr empfindlichen System verbundenen Magnetnadeln; ihre Richtung stand senkrecht zu einem Radius unweit vom Rande derselben. Durch Fernrohr, Spiegel und Scala konnten die Ablenkungen der Nadel, die beim Commutieren der Ladung des Condensators eventuell eintraten, beobachtet werden ... Bei diesen Versuchen ergab sich nun, dass jedesmal, wenn commutiert wurde, die Nadel eine Ablenkung erfuhr; die so gerichtet war, wie wenn man die oben näher angegebene Richtung eines vorhanden gedachten Stromes umgekehrt hätte.

Hendrik Antoon Lorentz (1853-1928), einer der bedeutendsten theoretischen Physiker, schätzte diese Entdeckung Röntgens fast ebenso wie die Entdeckung der Röntgenstrahlen. Lorentz nannte den Effekt "Röntgenstrom" und formulierte schließlich folgenden Satz:

*Der totale Strom besteht aus dem Verschiebungsstrom, dem Leitungs-
strom, dem Konvektionsstrom und einem vierten Vektor, den wir in
Nachfolge von Poincare den Röntgenstrom nennen können, da die
elektromagnetische Wirkung dieses Stromes nur dann vorhanden ist,
wenn ein polarisiertes Dielektrikum sich bewegt, wie dies bei einem
wohlbekannten Versuch von Röntgen festgestellt worden ist.*

Offenbar hat diese Arbeit bei den Wissenschaftlern der damaligen Zeit
ganz besonderes Interesse hervorgerufen. Röntgens langjähriger Mitarbeiter Ludwig Zehnder schreibt:

*Die genannte Entdeckung Röntgens wurde von theoretischen Wissen-
schaftlern wie Lorentz, Sommerfeld u.a. fast ebenso hoch eingeschätzt,
wie seine Entdeckung der Röntgenstrahlen.*

Möglicherweise wäre Röntgen für dieses Experiment auch der Nobelpreis für Physik verliehen worden, wenn er die Röntgenstrahlen gar
nicht entdeckt hätte. Röntgen gehörte bereits 1888 zu den großen
Physikern seiner Zeit.

Nach einer Erweiterung dieses Grundversuches der Physik durch den
russischen Physiker Alexander Eichenwald (1864-1944) wird diese
Erscheinung in den heutigen Lehrbüchern der Physik als "Röntgen-
Eichenwald-Versuch" bezeichnet.

Zu den weiteren von Röntgen in seiner Gießener Zeit durchgeführten
Arbeiten gehören mehrere der Kristallforschung an. Daneben finden
sich aber auch Beschreibungen sehr schöner Demonstrationsversuche,
wie z.B. in der Arbeit "Über einen Vorlesungsversuch zur Demonstration des Poiseuillischen Gesetzes", die Röntgen 1883 in den Annalen der Physik und Chemie veröffentlichte. Seine Liebe zu selbstgebauten Apparaturen und die Freude an einfachen Versuchsanordnun-
gen werden bei dieser Arbeit erneut deutlich.

Röntgen hat sich in seiner Gießener Zeit aber auch mit einem Effekt
beschäftigt, dessen meßtechnische Bedeutung erst in den 70er Jahren
unseres Jahrhunderts von Harshbarger und Robin wiederentdeckt

wurde. Es handelt sich um einen 1880 von Alexander Graham Bell (1847-1922) zuerst bemerkten optoakustischen Effekt. Bell fokussierte ein intermittierendes (zerhacktes) Sonnenlichtbündel auf einen Körper, der sich in einer luftdicht verschlossenen Kammer befand. In einem mit der Kammer verbundenen Kopfhörer konnte er dann ein akustisches Signal wahrnehmen, welches die gleiche Frequenz besitzt, wie die aufeinanderfolgenden Lichtimpulse.

Abb. 13: Rekonstruktion des Apparates zum Nachweis des "Röntgenstromes". Im unteren Teil des Bildes ist der Plattenkondensator mit dem drehbar angeordneten Dielektrikum zu erkennen. Der zylinderförmige Teil des Apparates ist das Magnetometer zum Nachweis des entstehenden Magnetfeldes. Die Rekonstruktion des Apparates besorgte das 1. Physikalische Institut der Universität Gießen. Die Übergabe an das Deutsche Röntgen-Museum erfolgte am 18. September 1982 durch Prof. Dr. A. Scharmann.

Dieser Vorgang wurde 1881 sowohl von John Tyndall (1820-1893), dem wir sehr schöne Untersuchungen der durch Staubteilchen verursachten Streuung des Sonnenlichtes verdanken und damit die Grundlage der heutigen Ultramikroskopie, als auch von Röntgen selbst eingehend untersucht. Beide kamen zu einer abschließenden Erklärung dieses optoakustischen Effekts, die im wesentlichen noch immer gültig ist. In der Sprache der heutigen Physik lautet sie folgendermaßen:

Wenn eine Probe eines Stoffes mit Licht einer bestimmten Wellenlänge bestrahlt wird und der Stoff die Lichtenergie absorbiert, so entsteht eine Anregung dieses Stoffes. Seine Anregungsenergie vermag der Stoff auf drei unterschiedlichen Wegen wieder abzugeben: durch Lumineszenz, durch photochemische Zersetzung oder durch Umwandlung der Anregungsenergie in Wärme.

Das letztere spielt bei Festkörpern die entscheidende Rolle für das Zustandekommen des Effektes. Eine periodische Beleuchtung der Probe produziert deshalb Schwankungen der Probentemperatur mit der gleichen Frequenz. Wird nun die Probe in eine hermetisch abgeschlossene Kammer gebracht, die mit Luft oder einer Flüssigkeit gefüllt ist, und mit intermittierendem Licht bestrahlt, so entsteht durch die Temperaturschwankungen der Probe eine periodische Expansion und Kontraktion der angrenzenden Gas- oder Flüssigkeitsschicht, so daß mit einem in der Kammerwand befindlichen Mikrophon oder piezoelektrischen Empfänger die Druckschwankungen empfangen werden können. Nachdem dieser Effekt nahezu 90 Jahre lang vergessen worden war, dient er heute als Grundlage der optoakustischen Spektroskopie (OAS) zur Untersuchung der Struktur von Festkörpern, aber auch zur Bestimmung physikalischer Parameter, wie z.B. der Wärmeleitfähigkeit der quergestreiften Muskulatur.

Ausgezeichnete Untersuchungen und bahnbrechende wissenschaftliche Experimente waren es, welche Röntgen in die erste Reihe der Experimentalphysiker seiner Zeit aufrücken ließen. Sicher ist der Wert der Forschungsergebnisse für das große Publikum nicht so unmittelbar verständlich wie die Entdeckung der Röntgenstrahlen, die seinen Namen in aller Welt berühmt machten. Trotzdem waren es gerade diese Forschungen, welche gleich zwei Universitäten, Jena und Utrecht, veranlaßten, sich um den Gelehrten zu bemühen.

Bei den Verhandlungen, die Röntgen mit diesen Universitäten führte, erweist er sich keineswegs als weltfremder Wissenschaftler, sondern durchaus als Realist. Das zeigt ein Blick in die Korrespondenz, die er mit dem Curatorium der Universität Utrecht führte. In einem Schreiben vom 26. März 1888 geht es nicht nur um das jährliche Einkommen von f 4000, welches nach seiner zehnjährigen Dienstzeit auf f 6000 erhöht werden soll, sondern auch um die Höhe der Pension, die f 3000 betragen kann. In seinem Schreiben fordert Röntgen mit Nachdruck auch verbindliche Zusagen über die weitere Ausstattung und Einrichtung des physikalischen Instituts.

Professor Bays-Ballot, der sogleich Direktor des Meteorologischen Instituts in Utrecht war und dessen Nachfolger im Amt als Direktor des Physikalischen Instituts Röntgen werden sollte, war durch die Auffindung einer Regel für das barometrische Minimum bekannt geworden (wendet man auf der nördlichen Erdhälfte dem Winde den Rücken zu, so liegt das Minimum links etwas nach vorn, das Maximum rechts etwas nach hinten). Bays-Ballot bemühte sich schließlich persönlich, Röntgen für die Vakanz zu interessieren.

Mit der Antwort läßt Röntgen einige Wochen auf sich warten. Unterdessen führt er Besprechungen mit der Universität Gießen, um zu prüfen, welche Vorteile der Ruf nach Utrecht für seine Arbeit und für ihm persönlich bringen könnte. Seine Mitteilung von dem Ruf nach Utrecht an das Ministerium in Darmstadt nimmt er zum Anlaß, um einen Sonderkredit für sein Institut in Höhe von 2000 Mark zu ersuchen und den Großherzog gleichzeitig um eine Erhöhung seines Honorars zu bitten.

Der Sonderkredit wurde ihm bewilligt, worauf Röntgen dem Ministerium berichtete, daß er den Ruf nach Utrecht ablehnen würde. Es ist auch vermutet worden, daß Röntgens nichtbestandenes Aufnahmeexamen an der Utrechter Universität ein Grund für die Ablehnung des Angebots gewesen sein könnte. Doch ist das unwahrscheinlich, denn im Zusammenhang mit einer Berufung zählten bei Röntgen vor allem Fakten. So schrieb er am 16. Januar an seinen Freund Zehnder in Bezug auf eine Professur in Freiburg i. B. :

Daß mir, wie Sie schreiben, finanzielle Vorteile ganz egal sind, ist durchaus nicht richtig.

Für Röntgen war aber auch stets die Meinung seiner Frau von großer Wichtigkeit. Die Stadt Utrecht war ihr immer fremd geblieben. Zwar hatte sie einige Zeit bei ihren Schwiegereltern in Apeldoorn gelebt, jedoch nicht die niederländische Sprache erlernt. So wäre es für sie sehr beschwerlich gewesen, sich in die neuen Verhältnisse einzuleben.

Am 1. Oktober 1888 erhielt Röntgen das ehrenvolle Angebot, als Nachfolger von Friedrich Kohlrausch (1840-1910) nach Würzburg zu kommen. Kohlrausch war damals berühmt als der Physiker der 5. Dezimale. Damit wurde die Exaktheit ausgedrückt, mit der Kohlrausch zu messen pflegte. Es war Röntgen, der 1870 in seiner zweiten Veröffentlichung bei der Bestimmung des Verhältnisses der spezifischen Wärmen der Luft dem großen Kohlrausch einen Fehler in der zweiten Dezimale nachweisen konnte. Bis in unsere Zeit hinein hat Kohlrausch mit seinem im Verlag B. G. Teubner erschienenen Lehrbuch "Praktische Physik" Generationen von Physikern die Grundlagen des Messens vermittelt. Diesen Ruf an das moderne, neu eingerichtete physikalische Institut in Würzburg konnte Röntgen nicht ablehnen.

Wieder in Würzburg

Der Ruf nach Würzburg muß für Röntgen in mehrfacher Hinsicht bedeutungsvoll gewesen sein. Einmal war die schöne am Main gelegene Stadt mit ihrer altehrwürdigen, seit 1402 bestehenden Universität der Ort, an dem er unter der Anleitung von August Kundt seine Laufbahn als Experimentalphysiker begonnen hatte. Zum anderen war Würzburg aber auch die Stadt, an deren Universität er sich vor nahezu 17 Jahren nicht habilitieren durfte. Nunmehr bot ihm die gleiche Universität einen Lehrstuhl an, den einer der besten Experimentalphysiker seiner Zeit viele Jahre innegehabt hatte. Dieses zeigt, zu welchem wissenschaftlichen Ansehen Röntgen inzwischen gelangt war.

Zunächst begann er den Einfluß des Druckes auf verschiedene Eigenschaften der Flüssigkeiten zu untersuchen. Es gelang ihm, aus der Anomalie des Wassers, d.h. aus der Tatsache, daß Wasser bei 4°C seine maximale Dichte besitzt, zu schließen, daß Wasser aus zwei verschiedenen Molekülstrukturen besteht: den voluminöseren Eisstrukturen und den sich erst bei höheren Temperaturen bildenden Strukturen mit kleinerem Volumen. Die Bedeutung dieser Problematik wird deutlich, wenn man bedenkt, daß bis heute noch keine allgemein anerkannte Theorie über die Struktur des reinen Wassers existiert, die alle experimentellen Daten richtig wiedergibt.

Es war Röntgen offensichtlich in besonderem Maße gegeben, physikalische Probleme zu erkennen und solche Fragestellungen zu finden, die experimentell beantwortbar sind. So war es nicht verwunderlich, daß sich bald auch zahlreiche Schüler einfanden. Zu ihnen gehörten insbesondere Schneider und Zehnder, die durch ihre mit Röntgen gemeinsam durchgeführten Untersuchungen über die Kompressibilität des Wassers und den Einfluß des Druckes auf seine Brechzahl bekannt wurden.

In Würzburg stand Röntgen auf der Höhe seines Schaffens. Ebenso wie in Gießen hatte er einen großen Bekanntenkreis, der nicht nur oft Gelegenheit zu wissenschaftlichen Diskussionen gab, sondern auch zu vielen fröhlichen Unternehmungen. Die Gesundheit seiner Frau erlaubte es ihm damals noch, an allen Veranstaltungen teilzuhaben, und so wird es verständlich, daß er in Würzburg die glücklichsten Jahre seines Lebens verbrachte.

War Röntgen in dieser Zeit Deutscher oder Holländer? K. H. Pleiß hat sich speziell mit der Frage der Staatsbürgerschaft Röntgens beschäftigt. Wie wir wissen, waren Röntgens Eltern 1848 aus Preußen ausgewandert. Dabei mußten sie die preußische Staatsbürgerschaft aufgeben. In diesem Zusammenhang schreibt der Röntgenbiograph Otto Glasser (1895-1964): "So wurde der kleine Willy Holländer". Dazu bemerkt W. A. H. van Wylick in seinem Buch "Röntgen und die Niederlande", daß beim Standesamt in Apeldoorn im ausgehenden 19. Jahrhundert keine Nationalität angegeben wurde. Für eine niederländische Staatsbürgerschaft spricht Röntgens holländische Dienstpflicht, die am 18. Februar 1865 ausgesprochen wurde. Allerdings brauchte er keinen Dienst abzuleisten, weil er der einzige Sohn seiner Eltern war. Zu bedenken ist aber, daß im vergangenen Jahrhundert in den Niederlanden ansässige Ausländer auch dienstpflichtig waren. Da kaum anzunehmen ist, daß die Familie Röntgen nach 1848 staatenlos gewesen ist, dürfte mit großer Wahrscheinlichkeit Röntgen in seiner Jugend Niederländer gewesen sein. Als er dann 1875 in Hohenheim Professor wurde und damit in den Staatsdienst des Königreiches Württemberg trat, mußte er wohl zusammen mit der württembergischen auch die deutsche Staatsbürgerschaft erworben haben.

In Würzburg übernahm Röntgen das Amt des Rektors der Universität. In seiner Rektoratsrede sprach er über den Wert des Experimentes:

Erst allmählich drang die Überzeugung durch, daß das Experiment der mächtigste und zuverlässigste Hebel ist, durch den wir der Natur ihre Geheimnisse ablauschen können, und daß dasselbe die höchste Instanz bilden muß für die Entscheidung der Frage, ob eine Hypothese beizubehalten oder zu verwerfen sei.

Wenn er auch das Experiment als Prüfstein über alles schätzte, so verlor er sich doch nicht im einseitigen Experimentieren. Denn für

Röntgen war es selbstverständlich, daß einwandfreie theoretische Überlegungen der Ausgangspunkt allen experimentellen Bemühens sein müssen. Dabei ist theoretisch nicht allein im Sinne von "mathematisch" zu verstehen - Röntgens Arbeiten enthalten kaum kompliziertere mathematische Betrachtungen -, als vielmehr im Sinne von "allgemein logisch". Trotzdem hat sich Röntgen schon bald nach seinem Amtsantritt um die Einrichtung einer Professur für theoretische Physik bemüht. Solch ein Lehrstuhl hätte Röntgens Arbeitsweise sicher in wertvoller Weise ergänzt, und deshalb sagte er in der schon erwähnten Rektorratsrede:

Würzburg, das fast allen anderen deutschen Universitäten in der Pflege der Physik vorangegangen war, ist im Augenblick fast die einzige Universität, an welcher nur eine Professur für Physik besteht. Indessen hegen wir die begründete Hoffnung, daß dieser Ausnahmestellung Würzburgs demnächst ein Ende gemacht wird.

Leider erfüllte sich diese Hoffnung nicht. Trotzdem machen Röntgens Bemühungen deutlich, daß er schon vor seiner großen Entdeckung der neuen Strahlenart rege in das Universitätsleben Würzburgs eingegriffen hat. Röntgen vermittelte in Würzburg vielen Studierenden der Physik und zahlreichen künftigen Ärzten die ersten grundlegenden physikalischen Kenntnisse. Schöne, gut durchdachte Vorlesungsexperimente unterstützten seinen streng logisch aufgebauten Vortrag, der allerdings denjenigen am meisten bot, die bereits mit einiger Vorbildung zur Vorlesung kamen und bereit waren, dem zurückhaltenden und bescheidenen Mann bei seinen nicht immer einfachen Ausführungen zu folgen. Röntgen hielt keine die Allgemeinheit begeisternden Vorlesungen, sondern sprach mit einer tiefen und weichen Stimme in der nüchternen Art des exakten Wissenschaftlers.

Bei den Studenten war Röntgen gefürchtet. Oft brachte er schlechtvorbereitete Studenten durch seine Fragen in nicht geringe Verlegenheit. Bei Prüfungen stellte er keine Examensfragen, die man einpauken konnte, sondern versuchte immer wieder festzustellen, ob die Kandidaten den Stoff mit Verständnis verarbeitet hatten.

Trotz seiner vielen Aufgaben hat Röntgen stets Zeit für Forschungen gefunden, wie seine 50 Veröffentlichungen zeigen, die er vor der Entdeckung der neuen Strahlen in der Zeit von 1888 bis 1894 publizieren konnte. Es waren vor allem Untersuchungen über den Einfluß des Druckes auf die Brechzahl, die Dielektrizitätskonstante und die elektrische Leitfähigkeit von Flüssigkeiten. Daneben wurde Röntgen aber auch schon frühzeitig auf die an verschiedenen Orten durchgeführten Forschungen über die Gasentladungserscheinungen in den als Kinderspielzeug bekannt gewordenen Geißlerschen Röhren aufmerksam. Die in ihnen bei Stromdurchgang ablaufenden Vorgänge hatten bereits zu dieser Zeit mehrere bedeutende Physiker fasziniert. Besonders die von Philipp Lenard (1862-1947), einem Assistenten von Heinrich Hertz (1857-1894), durchgeführten Kathodenstrahlversuche, die Anfang der 90er Jahre des 19. Jahrhunderts veröffentlicht wurden, weckten Röntgens Interesse. Seine gründliche Art, in ein neues Gebiet einzudringen, veranlaßte ihn zunächst, diese Experimente zu wiederholen.

Die Sensation des ausgehenden 19. Jahrhunderts

Ein neues Arbeitsgebiet

Gasentladungen, so hieß ein großes physikalisches Forschungsfeld des ausgehenden 19. Jahrhunderts. Gemeint waren damit die vielfältigen physikalischen Erscheinungen, welche in Abhängigkeit vom Gasdruck bei Stromdurchgang in Geißlerschen Röhren auftreten. Diese Röhren sind nach Heinrich Geißler (1815-1879) benannt, der am 26. Mai 1815 in Igelshieb geboren wurde, einem am Rennsteig in der Nähe der thüringischen Stadt Suhl gelegenen Dörfchen. Dort hatte sich, begünstigt durch die umliegenden Glashütten, die Lampenglasbläserei entwickelt. Alles was die Glasbläser an technischer Ausrüstung damals benötigten, waren eine Öl- oder Talglampe, ein Lötrohr, später auch ein Blasebalg sowie verschiedene Zangen und Messer. Mit diesen einfachen Geräten fertigten die Glasbläser aus den von den Glashütten in Lauscha, Schmalenbuche und Glücksthal bezogenen kalibrierten Glasröhren Glasfiguren, Kinderspielzeug und in geringem Umfang auch Glasinstrumente für wissenschaftliche Zwecke an.

Von seinem Vater Johann Georg Jacob Geißler (1786-1856) erlernte Heinrich Geißler die Glasbläserei. Wie damals üblich, ging er auf Wanderschaft und gelangte schließlich 1852 nach Bonn. Dort lernte er Professor Julius Plücker (1801-1868) kennen, der eigentlich Mathematiker war. Plücker ist der Begründer der Liniengeometrie und Autor des bei B. G. Teubner erschienen Werkes "Neue Geometrie des Raumes, gegründet auf die Betrachtung der geraden Linie als Raumelement". Als ordentlicher Professor der Physik am Physikalischen Institut der 1818 in Bonn gegründeten Universität beschäftigte sich Plücker aber seit 1837 auch mit der Messung des Dampfdruckes verschiedener Flüssigkeiten. Geißler fertigte für ihn die dazu benötigten Glasinstrumente an. Die Zusammenarbeit war sehr erfolgreich, und Geißler konnte 1874 eine eigene kleine Firma in Bonn gründen, die vorwiegend Barometer und Thermometer produzierte. 1860 gelang ihm die Konstruktion eines Maximumthermometers, und vier Jahre später führte er die Kapillare in die Fieberthermometerproduktion ein.

Als in der Mitte des 19. Jahrhunderts die Stromleitung in Gasen die besondere Aufmerksamkeit der Physiker beanspruchte, wurden im großen Umfang Niederdruck-Gasentladungsröhren und Vakuumpumpen benötigt. Bereits um 1700 hatte der englische Mechaniker Francis Hawsbee beim Reiben der Wandung von Glasröhren, in denen die Luft verdünnt worden war, Leuchterscheinungen beobachten können, die als "elektrisches Licht" bekannt wurden. Doch systematische Untersuchung begann erst, nachdem es Faraday um 1838 gelungen war, Elektroden in Glasgefäße einzuführen und in Abhängigkeit vom Luftdruck in diesen die Glimmentladungen zu studieren.

Ein bedeutender Fortschritt der experimentellen Technik war die Erfindung eines Funkeninduktors, mit dem eine sehr intensive, pulsierende Hochspannung erzeugt werden konnte. Diese Erfindung gelang dem deutschen Mechaniker Heinrich Daniel Ruhmkorff (1803-1877), der in Paris eine feinmechanische Werkstatt besaß. Nun konnte man die Schichtung der Leuchterscheinungen in der sogenannten positiven Säule beobachten. Geißler hatte für van der Willigen 1856 eine Röhre angefertigt, die aus einer veränderten Barometerröhre bestand, an deren beiden Enden Platindrähte in das Glas eingeschmolzen waren. Offenbar war es Geißler hierbei gelungen, das Problem der Metalleinschmelzungen im Glas zu lösen. Dieses Einschmelzen ist wegen der unterschiedlichen thermischen Koeffizienten von Metall und Glas lange Zeit eine schwierige technische Aufgabe gewesen. Geißler verwendete Platindrähte, die erst mit dem leichtflüssigen Bleiglas an der Einschmelzstelle ummantelt werden mußten, bevor sie mit dem normalen Glas verschmolzen werden konnten. Es hat Jahrzehnte gedauert, bis man das teure Platin durch bestimmte Metallegierungen und ausgewählte Glassorten ersetzen konnte.

Heinrich Geißler verbesserte 1857 die Apparatetechnik durch die Entwicklung einer Quecksilberpumpe. Sie ermöglichte nicht nur die Herstellung eines definierten Luftdruckes im Inneren der Gasentladungsröhren, sondern auch das gezielte Einbringen von Fremdgasen.

Nach Karl Eichhorn ist deshalb das Jahr 1857 als das eigentliche Geburtsjahr der Geißlerschen Röhre anzusehen. Mit der von Geißler entwickelten apparativen Technik konnte Julius Plücker am 10. Juli 1857 eindrucksvolle Versuche im physikalischen Kabinett der Universität Bonn öffentlich vorführen. Er demonstrierte die Abhängigkeit der Farben von der Art des Füllgases und zeigte ihre Abhängigkeit vom Druck in der Röhre.

Bald wurden Geißlersche Röhren zu einem beliebten Spielzeug. Doch auch ernsthafte Wissenschaftler ließen sich von dem Farbenspiel faszinieren. Im Juni 1882 schrieb Heinrich Hertz, der damals Assistent bei Hermann von Helmholtz (1821-1894) in Berlin war, in einem Brief an seinen Vater:

Ich beschäftige mich den Tag über bis zum Abend mit den Lichterscheinungen in verdünnten Gasen, den sogenannten Geisslerschen Röhren ... Außerdem ist das besagte Gebiet sehr dunkel und unerforscht, und seine Erforschung ist wahrscheinlich von großem theoretischen Interesse.

Jedermann weiß, daß reine trockene Luft ein guter Isolator ist. Deshalb erfolgt kein Stromtransport durch eine unter Atmosphärendruck stehende Entladungsröhre. Entfernt man jedoch mit einer Saugpumpe die Luft mehr und mehr, so läßt sich in einer Geißlerschen Röhre beim Anlegen einer Spannung und bei einem Druck von ca. 5 Kilopascal (entspricht etwa 40 Torr) ein schmales blaues Band erkennen, welches zwischen Anode und Kathode verläuft.

Mit einer solchen Röhre hatte 1859 Plücker jene Strahlen entdeckt, die wir mit dem 1876 von Eugen Goldstein (1850-1931) eingeführten Namen als "Kathodenstrahlen" bezeichnen. Bei geringen Drücken (etwa 0,1 Kilopascal) entstehen bestimmte Dunkelräume, die durch leuchtende Säulen getrennt sind. Die Dunkelräume tragen heute die Namen der Physiker, die sich um Ihre Beobachtung verdient gemacht haben. So entsteht zwischen der Kathode und ihrer Glimmhaut der nach Francis William Aston (1877-1945) benannte Dunkelraum. Aston erfand den Massenspektrographen, mit dem der Nachweis der

Existenz von Isotopen gelang. Der Glimmhaut folgt der Crookessche Dunkelraum. William Crookes (1832-1919) hatte 1879 bemerkt, daß dort, wo die Kathodenstrahlen auf die Glaswand auftreffen, eine grünlichgelbe Fluoreszenz entsteht. An den Crookesschen Dunkelraum schließt sich die negative Glimmschicht an. Ihr folgt der Faradaysche Dunkelraum und schließlich die bis an die Anode reichende positive Säule. Die gesamte Erscheinung ist in dem genannten Druckbereich äußerst vielfältig und kompliziert.

Erst als die voranschreitende Pumpentechnik die Herstellung sehr niedriger Drücke ermöglichte, ergaben sich bei etwa 1 Pascal übersichtliche Verhältnisse. Die positive Säule verschwindet vollständig, und an der Glaswand, die der Kathode gegenüberliegt, tritt die von Crookes zuerst bemerkte Fluoreszenz auf. Sie wird durch diejenigen Elektronen der Kathodenstrahlen hervorgerufen, welche an der Kathode durch Stoß von positiven Ionen ausgelöst werden und ohne wesentlichen Energieverlust infolge von Zusammenstößen mit Gasmolekülen bis auf die Glaswand gelangen. Crookes konnte an Hand des Schattenwurfes von Metallplatten, die er im Inneren der Röhre den Kathodenstrahlen in den Weg stellte, die geradlinige Ausbreitung der Kathodenstrahlen nachweisen.

Wir wissen bereits, daß Lenard schon früh durch das Problem der Kathodenstrahlen gefesselt wurde, die sich zunächst als eine geheimnisvolle Begleiterscheinung der Gasentladung darstellten und deren magnetische Ablenkbarkeit 1869 Johann Wilhelm Hittorff (1824-1914) zuerst erkannt hatte. Von Anfang an meinte Lenard, man müsse die Kathodenstrahlen aus dem Entladungsraum in das Freie austreten lassen, um sie genauer untersuchen zu können. Ein erster Versuch mit einem Glasfenster mißlang. 1892 zeigte ihm Heinrich Hertz in Bonn, daß dünnste Metallfolien, wie sie Buchbinder benutzen, im Entladungsraum von Kathodenstrahlen durchdrungen werden. Diese Anregung aufgreifend, glückte Lenard rasch die Konstruktion des genügend stabilen "Lenardschen Fensters" aus Aluminiumfolie, durch das die Kathodenstrahlen in die freie Atmosphäre gelangen und dort ungestört durch die Gasentladung mit Leuchtschirm, photographischer Platte und später auch elektrisch untersucht werden konnten.

Zunächst war noch nicht bekannt, daß es sich bei den Kathodenstrahlen um einen Schwarm von Elektronen handelt. Diese Erkenntnis ergab sich 1871 für Cromwell Fleetwood Varley (1828-1883) aus drei wichtigen Beobachtungen:

1. Ein in den Kreis Kathode - Anode eingeschalteter Strommesser zeigt einen Strom an, d.h., die Kathodenstrahlen transportieren elektrische Ladungen.
2. Bei Umkehr der angelegten Spannung fließt kein Strom, d.h., die Ladungen haben nur ein Vorzeichen: das negative.
3. Durchlaufen die Teilchen zunächst ein elektrisches Feld, dessen Richtung senkrecht zu ihrer ursprünglichen Bewegungsrichtung ist, und anschließend ein ebenfalls zur ursprünglichen Bewegungsrichtung senkrecht stehendes Magnetfeld, so läßt sich aus der Ablenkung der Teilchen das Verhältnis ihrer Ladung zu ihrer Masse bestimmen. Daraus ergab sich unabhängig von der Natur des Gasrestes in der Röhre ein Wert, der etwa 1840mal größer als das entsprechende Verhältnis für das Wasserstoffion ist.

Röntgen war an den ursprünglichen Lenardschen Beobachtungen interessiert und bestellte sich deshalb einen "bewährten" Apparat in der Werkstatt zur Herstellung chemischer und physikalischer Instrumente von Louis Müller-Unkel in Braunschweig, wo Entladungsapparate konstruiert wurden, mit denen man in den meisten Laboratorien der damaligen Zeit arbeitete. Gleichzeitig schrieb Röntgen am 4. Mai 1894 an seinen siebzehn Jahre jüngeren Kollegen, den Privatdozenten Philipp Lenard in Bonn:

Sehr geehrter Herr Doktor! Ich möchte gerne Ihren wichtigen Versuch über Kathodenstrahlen in der freien Atmosphäre etc. sehen und habe mir dazu bei Müller-Unkel einen "bewährten" Entladungsapparat bestellt. Für den Bezug der Fensterplättchen fehlt mir aber eine zuverlässige Quelle. Vielleicht haben Sie die Freundlichkeit, mir eine solche per Postkarte anzugeben. Hochachtungsvoll Ihr ergebener gez. Dr. W. C. Röntgen.

Schon am 7. Mai 1894 antwortete Lenard:

Hochgeehrter Herr Professor! Die Bezugsquelle für dünne Alumini-umfolie ist auch für mich immer eine Schwierigkeit gewesen, denn die Fabrikanten geben nicht gern ungewöhnliche Dicken ab, oder ver-wenden doch wenig Sorgfalt auf kleine Partien, so daß die Blätter löchrig ausfallen. Es mangelt mir gegenwärtig auch an einer guten Bezugsquelle. Ich erlaube mir daher, ihnen zwei Blätter aus meinem kleinen Vorrat zu übersenden. Die Dicke beträgt etwa 0,005 mm.

Kurze Zeit darauf lieferte Müller-Unkel auch eine fertige "Kathoden-strahlröhre nach Lenard". Sie kostete 36,50 Mark. Röntgen konnte nun mit der Wiederholung der Lenardschen Kathodenstrahlversuche beginnen. Schon am 21. Juni 1894 sah er die durch Kathodenstrahlen ausgelösten Erscheinungen, d.h. die grüngelbe Fluoreszenz der Glaswand des Entladungsrohres, die Ablenkung der Kathodenstrahlen beim Durchgang durch ein Magnetfeld und ihre geradlinige Aus-breitung.

Möglicherweise hat Röntgen auch die Ablenkung der Kathodenstrah-len beim Durchgang durch die Aluminiumfolie gesehen, aus der Len-ard geschlossen hatte, daß innerhalb der Atome nur ein verhältnismä-ßig kleiner Teil des verfügbaren Raumes wirklich mit schwerer Mate-rie ausgefüllt ist, nämlich der, welcher später als der Atomkern erkannt wurde. Doch dann unterbrachen die vielen Verwaltungsfra-gen, mit denen sich Röntgen als Rektor der Universität Würzburg im akademischen Jahr 1894/95 zu beschäftigen hatte, seine weiteren Un-tersuchungen mit dem Lenardschen Apparat.

War es ein Zufall?

Viel ist über den Zufall in der Geschichte der Wissenschaften geschrieben worden, und auch bei Röntgens Entdeckung hat offensichtlich der Zufall eine gewisse Rolle gespielt. Doch sollte man die Bedeutung des Zufalls bei der Entdeckung und Untersuchung der neuen Strahlenart nicht überbewerten. Röntgen hat sich bewußt mit den Kathodenstrahlen beschäftigt, weil er der Meinung war, daß trotz der von vielen Forschern beobachteten Erscheinungen noch viele Zusammenhänge verborgen geblieben waren. Gegen Ende des Jahres 1895 konnte er seine Experimente mit dem Funkeninduktor und einer Gasentladungsröhre nach William Crookes (1832-1919), einem kugelförmigen evakuierten Glasgefäß, in dem zwei senkrecht aufeinanderstehende Elektroden eingeschmolzen sind, von denen die eine die Anode und die andere die Kathode bildet, wieder aufnehmen.

Er begann, die Röhre in einen "ziemlich eng anliegenden Mantel aus dünnem schwarzen Karton" einzuschließen. Auch Lenard hatte bereits bei einigen seiner Experimente die Röhre in einem Gehäuse aus Zinkblech untergebracht, um die Wirkungen der aus dem Aluminiumfenster austretenden Kathodenstrahlen im verdunkelten Raum besser sehen zu können. Ähnliche Absichten muß Röntgen gehabt haben, als er seine Röhre mit schwarzem Papier umhüllte (Abb. 14). Es war dann wohl bei einem Probeexperiment, spät am Abend des 8. November 1895, eines Freitags, als sich Röntgen von der Lichtdurchlässigkeit seiner Röhrenhülle überzeugen wollte. Nach dem Einschalten des Funkeninduktors fiel sein Blick auf ein mit Bariumplatinzyanür bestrichenes Blättchen, welches in einiger Entfernung von der Röhre auf dem Tisch lag und bei jeder Entladung der in die schwarze Kartonhülle eingeschlossenen Entladungsröhre aufleuchtete. Diese Beobachtung, die in keiner der Röntgen bekannten Arbeiten bisher erwähnt worden war und die ihm trotz einer gewissen Farbenschwäche, an der er von Jugend an litt, nicht entging, nahm Röntgen, obwohl sie zunächst unbedeutend schien, dennoch als Anregung für die weitere Erforschung des Phänomens.

Abb. 14: Rekonstruktion der Entdeckungsapparatur Röntgens (Anschauungsmodell des Deutschen Röntgen-Museums): In der Bildmitte ist die auf einem dreibeinigen Holzgestell vertikal stehende Hittorfsche Röhre zu erkennen; links davon die Pumpe zur Erzeugung des Vakuums und rechts im Bild der Ruhmkorff-Induktor. Unter diesem steht der Bleiakkumulator, der als Spannungsquelle zum Betrieb des Funkeninduktors dient

Es gehört ein Wissenschaftler vom Format eines Röntgen dazu, um dieser Kleinigkeit, die vielleicht manch anderer auch gesehen haben mag, sie aber nicht weiter beachtete, nun mit Gründlichkeit und Exaktheit nachzuspüren und ihre Ursache zu erforschen. Schnell hatte er sich davon überzeugt, daß die Ursache dieses Leuchtens von der Röhre ausging und nicht von einer anderen Stelle der Leitung. Auch in größerer Entfernung von der Röhre konnte er die Leuchterscheinungen beobachten. Röntgen sagte:

Ich fand durch Zufall, daß die Strahlen schwarzes Papier durchdringen. Ich nahm Holz, Papierhefte, aber noch immer glaubte ich, das Opfer einer Täuschung zu sein. Dann nahm ich die Photographie zu Hilfe und der Versuch gelang.

Röntgen ließ sich bei seinen Untersuchungen nicht vom Wunschdenken leiten. Gar zu oft ist dieses Wunschdenken, wie einmal formuliert wurde, zum Massengrab vieler Entdeckungen geworden, weil man am Rande liegende Erscheinungen als unbedeutend ansah. Indem er die Photoemulsion zum Nachweis der Strahlung benutzte, begründete er, ohne es zu ahnen, Beobachtungsverfahren und Meßtechniken, welche für die späteren Forschungen und Anwendungen unerläßlich wurden.

Wir wissen nicht, welche Gedanken den Gelehrten bewegt haben mögen, als er seine Untersuchungen durchführte. Wir haben leider keinen authentischen Bericht über diese ersten Beobachtungen. Röntgen selbst hat wenig darüber gesprochen. Seinem Freunde, dem Biologen Theodor Boveri, teilte er mit:

Ich habe etwas Interessantes entdeckt, weiß aber nicht, ob meine Beobachtungen korrekt sind.

Röntgen behielt das geschilderte Phänomen so lange für sich, bis nach echt klassischer Arbeitsweise die damit verbundenen Erscheinungen gründlichst untersucht und geprüft waren. Selbst seine Assistenten erfuhren erst nach der Veröffentlichung der "Vorläufigen Mitteilungen", welche große Entdeckung an ihrem Institut gemacht worden war. In den sieben Wochen, die zwischen der Beobachtung der ersten an und für sich relativ unbedeutenden Wirkung der unbekannten Naturerscheinung und der Veröffentlichung der ersten vorläufigen Mitteilungen liegen, hat Röntgen in genialer Weise aus der Menge der Erscheinungen das Phänomen der X-Strahlen, wie er diese Strahlen zunächst nannte, klar herausgearbeitet. er muß mit äußerstem Arbeitseifer diese Zeit genutzt haben. Seine Frau berichtete, daß er in diesen Wochen sich ganz von der Außenwelt abschloß. Der Gelehrte nahm in den ersten Tagen nach der Entdeckung nicht nur die Mahlzeiten in seinem Arbeitsraum ein, sondern er ließ sich für längere Zeit sogar seine Schlafstelle dort aufstellen.

Am 28. Dezember 1895 konnte er schließlich dem Sekretär der Physikalisch-Medizinischen Gesellschaft an der Bayerischen Julius-Maximilians-Universität zu Würzburg das Manuskript seiner Arbeit "Über eine neue Art von Strahlen" übergeben.

Obwohl in keiner Sitzung über diese Arbeit gesprochen worden war, da in den Weihnachtsferien keine Sitzungen stattfanden, erfolgte ihre sofortige Drucklegung in den Sitzungsberichten der Physikalisch-Medizinischen Gesellschaft zu Würzburg. Die kleine Schrift umfaßt zehn Seiten. Sie war in der für Dissertationen üblichen Form geheftet und mit einem Heftstreifen aus farbigem Glanzpapier versehen. Auch heute noch ist es ein Erlebnis besonderer Art, diese Veröffentlichung Röntgens zu lesen, die im Verlag der Stahel'schen k. Hof- u. Universitäts - Buch- und Kunsthandlung in Würzburg Ende 1895 herausgegeben wurde. Mit einem zeitlichen Abstand von 100 Jahren und aus der Sicht der heutigen Physik beeindrucken die Vorsicht und die Weitsicht, mit der Röntgen die Ergebnisse seiner Beobachtungen ausgewertet hat, wie er allen Einzelheiten nachgegangen ist, das Für und Wider einer Interpretation der Ergebnisse erwogen hat.

Bei seinen ersten Experimenten versuchte Röntgen auch, Strahlen durch eine Tür hindurch nachzuweisen, die das Labor, in dem die Entladungsapparatur stand, von einem benachbarten Raum trennte, in welchem die Photoplatte lag. Nach dem Entwickeln bemerkte er Streifen auf dem Negativ, deren Zustandekommen er sich zunächst nicht erklären konnte. Später sagte Röntgen darüber:

Diese Abschattierung fiel mir auf, und ich erkannte daran, daß nicht die Absorption durch die ungleichen Holzdicken des Türpfostens das Maßgebende war, sondern eine Oberflächenabsorption des Pfostens. Ich erkundigte mich nach der Art des Türanstriches und erfuhr, daß derselbe aus Bleiweiß bestand. Weil Blei für diese Strahlen so schwer durchlässig ist, absorbiert eine in der Richtung der Strahlen verlaufende Bleiweißschicht dieselbe beträchtlich mehr als eine senkrecht zu den Strahlen orientierte Schicht.

Am eindruckvollsten war aber wohl die "Röntgenaufnahme" einer menschlichen Hand. Röntgen hatte die Hand seiner Frau am 22. Dezember 1895 durchleuchtet und photographiert (Abb. 2). Diese Aufnahme bildete die größte Überraschung in seiner ersten Mitteilung über die neuen Strahlen. Damit hat Röntgen von Anfang an Perspektiven aufgezeigt, die seine Entdeckung der Medizin gab.

Insgesamt veröffentlichte er drei Arbeiten über die von ihm entdeckten Strahlen. Nach der ersten Mitteilung folgte 1896 eine zweite, in der Röntgen schrieb, daß er seit einigen Wochen einen Gasentladungsapparat gebrauchte,

... bei dem ein Hohlspiegel aus Aluminium als Kathode und ein unter 45 Grad gegen die Spiegelachse geneigtes, im Krümmungszentrum aufgestelltes Platinblech als Anode fungiert.

Mit diesen Fokusröhren gelangen Röntgen wesentlich bessere Aufnahmen. Zwischen Anode und Kathode wurde bald eine dritte scheibenförmige Antikathode so angeordnet, daß sie mit der einen Fläche direkt im Strahlengang der Kathodenstrahlen stand. Auf dieser Fläche der dritten Elektrode wurden die Kathodenstrahlen gebremst, und von dort gingen die Röntgenstrahlen aus. In einer dritten Veröffentlichung berichtete Röntgen sehr eingehend über Durchlässigkeitsversuche. Diese Arbeit enthält aber auch eine sehr wichtige Beobachtung, die als die erste Materialprüfung mit Röntgenstrahlen bezeichnet werden kann. Er schreibt:

Mit einer solchen sehr hart gewordenen Röhre habe ich von dem Doppellauf eines Jagdgewehres mit eingesteckten Patronen ein sehr schönes photographisches Schattenbild erhalten, in welchen alle Details der Patronen, die inneren Fehler der Damastläufe u. s. w. sehr deutlich und sehr scharf erkennbar sind. Der Abstand der Platinplatte der Entladungsröhre bis zur photographischen Platte betrug 15 cm, die Expositionsdauer 12 Minuten.

Damit war die Basis für die sich später entwickelnde Röntgen-Grobstrukturanalyse geschaffen, welche Löcher, Risse und Fremdkörper im Inneren von Werkstücken, Maschinenteilen und dergleichen festzustellen vermag. Ihre Weiterentwicklung zur Röntgen-Feinstrukturanalyse, wobei die Interferenz der Röntgenstrahlung ausgenutzt wird, ermöglicht rationelle Lösungen von Grundfragen der Materialtechnik, wie etwa bei der elastischen Beanspruchung von Konstruktionsteilen oder bei der gezielten Materialgewinnung von Werkstoffen mit bestimmten Eigenschaften.

Bemerkte Röntgen die X-Strahlen als erster?

Wenn man bedenkt, daß jedesmal, wenn ein Forscher der damaligen Zeit sich mit den Kathodenstrahlexperimenten beschäftigte, auch gleichzeitig X-Strahlen auftraten, so ist es erstaunlich, daß keiner vor Röntgen auf diese neue Strahlenart aufmerksam geworden ist. Allerdings sah man schon vor Röntgens Entdeckung unerklärliche Schwärzungen auf photographischen Platten, wenn diese in der Nähe von Kathodenstrahlröhren lagen. So beobachtete Goodspeed 1890 nach der Vorführung der Crookesschen Röhre, bei der Entwicklung von zufällig in der Nähe liegenden Photoplatten, auf einem Negativ zwei runde helle Scheiben. Doch niemand vermochte diese Erscheinung zu erklären. Die Platten wurden weggelegt und vergessen. Sechs Jahre später, nach der Entdeckung der X-Strahlen durch Röntgen, suchte Goodspeed die Platten wieder hervor, prüfte sie von neuem und wiederholte die damaligen Experimente. Ohne Zweifel hatte er eine "Röntgenaufnahme" gemacht, ohne es zu beachten.

Warum aber bemerkte Philipp Lenard, der sich schon Jahre vor Röntgen mit Gasentladungen beschäftigt und sehr eingehend die Kathodenstrahlen studiert hatte, nicht die durchdringenden X-Strahlen? Diese Frage findet eine sehr einfache Antwort. Lenard benutzte zum Nachweis der Kathodenstrahlen eine Substanz, welche - wie Kontrollexperimente gezeigt haben - nur durch Kathodenstrahlen zur Fluoreszenz angeregt wird, nicht aber durch Röntgenstrahlung. Sicher sind oftmals unerklärliche Wirkungen beim Arbeiten mit Entladungsröhren festgestellt worden. Keiner der Beobachter vermochte aber die Bedeutung solcher Erscheinungen zu erfassen. Dieses blieb Wilhelm Conrad Röntgen vorbehalten.

Es gab aber auch Gerüchte, wonach Röntgen gar nicht der Entdecker der X-Strahlen sei. So deutete Röntgen an, daß sich auch "Neidhämmel" über seine Entdeckung ausgelassen hätten. Immer wieder gab es Berichte, die den Präparator Weber als Entdecker der Strahlen nannten, obwohl dieser erst fünf Jahre nach der Entdeckung der Strahlen mit Röntgen zusammenkam.

Auch dem alten Vorlesungsdiener Marstaller wurde die Entdeckung zugeschrieben. Röntgen habe Versuche gemacht, bei denen ein Kästchen, in dem ein Ring lag, auf dem Tisch gestanden habe. Eines Morgens habe Röntgen seine Versuchsanordnung betrachtet, und dabei sei er von Marstaller auf ein zufällig in der Nähe gelegenes photographisches Papier aufmerksam gemacht worden, auf dem sich das Bild des Ringes gezeigt haben soll.

Leider hat Röntgen solche Gerüchte unbeabsichtigt gefördert. So sahen einige auch Röntgens Verzicht, einen Nobelvortrag zu halten, als ein Eingeständnis an. An der großen Versammlung Deutscher Naturforscher und Ärzte, die 1896 in Frankfurt am Main stattfand, nahm Röntgen nicht teil, obwohl man ihm den Ehrenvorsitz angetragen hatte.

In den ersten Jahren des 20. Jahrhunderts begann sich auch das zunächst freundliche Verhältnis zwischen Röntgen und Lenard immer mehr zu verschärfen. Dabei hat die Verleihung des Nobelpreises an Röntgen zu einer weiteren Verstimmung zwischen den beiden Wissenschaftlern geführt. Lenard, der den gleichen Preis erst vier Jahre später erhielt, war so verbittert, daß er im Alter von 80 Jahren in seinem letzten Buch ein Gleichnis anführte, in dem er Röntgen als die Hebamme bei der Geburt der Entdeckung der Strahlen bezeichnet, die den Vorzug habe, das Kind vorzeigen zu können, aber nur von Unwissenden mit der Mutter verwechselt würde.

Röntgen hatte in seiner zweiten, im März 1897 veröffentlichten Untersuchung eine Diskussion über die Beziehung zwischen Kathodenstrahlen und Röntgenstrahlen eingeleitet. Dabei ist er speziell auf die Lenardschen Kathodenstrahlversuche und auf Lenards damalige Stellung zu dieser Frage eingegangen. Mittlerweile waren der ursächliche Zusammenhang beider Strahlenarten und die Entstehung der Röntgenstrahlen in den dünnen Hertz-Lenardschen Metallfolien der "Lenard-Röhre" sichergestellt worden. Aber Röntgen beschrieb den Zusammenhang zwischen den Kathodenstrahlen und den Röntgenstrahlen folgendermaßen:

Die X-Strahlen werden durch Kathodenstrahlen erzeugt.

Lenard hingegen formulierte den Sachverhalt so:

Kathodenstrahlen werden in X-Strahlen umgewandelt.

Im Dezember 1897 schreibt Lenard in den Annalen der Physik:

Die Kenntnis der Vorgänge, welche um eine elektrische Gasentladung sich abspielen, hat durch Röntgens Entdeckung eine großartige Erweiterung erfahren. Es scheint jedoch, daß dabei nicht eine neue Mannigfaltigkeit von Strahlen sich ergeben hat, sondern vielmehr eine Erweiterung des Umfanges der schon bekannten Mannigfaltigkeit der Kathodenstrahlen.

Beide, sowohl Röntgen als auch Lenard, haben dabei die Versuche nicht berücksichtigt, die 1895 Perrin (1870-1942) und 1896 Righi (1850-1920) durchgeführt hatten. Sie konnten nachweisen, daß die Kathodenstrahlen eine elektrische Ladung tragen, die Röntgenstrahlen aber ladungsfrei sind.

Röntgen erkannte die Lenardschen Vorstellungen über das Elektron nicht an. Das Wort "Elektron" war für ihn ein inhaltsloses Wort. Lenard seinerseits hörte nie auf, gegen Röntgen zu polemisieren.

Ehrungen über Ehrungen

Unabhängig von den Querelen um die Frage, wer die X-Strahlen zuerst entdeckt habe, wurde Röntgen mit einer Vielzahl von Ehrungen und Auszeichnungen überhäuft. Der bekannte Röntgenbiograph Otto Glasser hat eine Liste von nicht weniger als 89 Ehrungen zusammengestellt, mit denen Röntgen aus Deutschland, England, Frankreich, Österreich, den Vereinigten Staaten, Italien, Mexiko, der Schweiz, den Niederlanden, der Türkei, Rußland, Schweden, Norwegen und Portugal ausgezeichnet worden ist.

Abb. 15: Tafel an Röntgens Geburtshaus

So erhielt Röntgen von der medizinischen Fakultät der Universität Würzburg die Ehrendoktorwürde. 1896 verlieh ihm seine Geburtsstadt Lennep das Ehrenbürgerrecht. Im Mai des gleichen Jahres erfolgte die Ernennung zum korrespondierenden Mitglied der Münchener Akademie, und der Berliner Bildhauer R. Felderhoff modellierte als erster

Röntgens Kopf. Das Ausland stand mit Ehrungen nicht nach. The Royal Society in London verlieh ihm die goldene Rumford Medaille, und im Jahre 1900 ehrte ihn die New Yorker Columbia Universität mit der Bernard Medaille. Der Prinzregent von Bayern, Prinz Luitpold (1821-1912), verlieh Röntgen bereits im Jahre 1896 den Kronenorden für seine wissenschaftliche Entdeckung. Dieser Orden war mit dem persönlichen Adel verbunden, den Röntgen aber ablehnte.

Voll Freude erwähnt Röntgen die Anerkennung seiner Arbeit durch Ludwig Boltzmann (1844-1906), den Begründer der statistischen Auffassung des komplizierten Entropiebegriffes, durch Emil Warburg (1846-1931), den späteren Präsidenten der Physikalisch-Technischen Reichsanstalt, durch Friedrich Kohlrausch (1840-1910), als dessen Nachfolger Röntgen 1888 nach Würzburg kam, durch William Thomson (1824-1907), den späteren Lord Kelvin, nach dem die Maßeinheit der absoluten Temperatur benannt wurde.

Die größte Anerkennung aber wurde dem Gelehrten zuteil, als ihm der erstmalig verliehene Nobelpreis für Physik zuerkannt wurde. Am 10. Dezember 1901 konnte Röntgen ihn aus den Händen des Schwedischen Kronprinzen persönlich in Empfang nehmen. Gleichzeitig mit Röntgen erhielten Emil von Behring (1854-1917) aus Halle, der das Diphtherieserum fand, und Jacobus van't Hoff (1852-1911) für seine bahnbrechenden Untersuchungen auf dem Gebiete der chemischen Reaktionskinetik den Nobelpreis. Röntgen nahm zwar an dem feierlichen Akt in der Stockholmer Musikakademie teil und dankte auch auf dem anschließenden Bankett mit wenigen Worten für die erwiesene Ehrung, hielt aber keinen Nobelvortrag, wie die beiden anderen Preisträger und wie es seither üblich ist.

Röntgen legte in seinem Testament fest, daß aus dem Geldbetrag des Preises in Höhe von 50 000 Kronen der Universität Würzburg die jährlich anfallenden Zinsen zur freien Verwendung für wissenschaftliche Zwecke zur Verfügung stehen sollen. Leider wurde dieser Geldbetrag, wie auch das persönliche Vermögen Röntgens, durch die Inflation wertlos. Lediglich die Nobelpreis-Goldmedaille wird noch von der Universität Würzburg verwahrt.

Die zahlreichen Ehrungen und die vielen Besuche, mit denen Röntgen in der Zeit nach seiner Entdeckung überhäuft wurde, stellten für den zurückhaltenden Forscher eine große Last dar. Seinem Freunde Zehnder schrieb er, daß der ganze Rummel ihn vier Wochen nicht zu einem einzigen Versuch kommen ließ. Das muß für Röntgen sehr belastend gewesen sein, denn durch die Entdeckung der Strahlen hatte sich eine Fülle von neuen Fragestellungen ergeben, wie z. B. die nach der Natur der Röntgenstrahlen oder nach der Wechselwirkung von Röntgenstrahlen mit den verschiedensten Stoffen, insbesondere aber mit lebenden Organismen. Dabei wurde der Grundstein für die Biophysik, eine neue wissenschaftliche Disziplin, gelegt. Die Entdeckung der Strahlen führte aber auch zur Suche nach anderen, bisher nicht bekannten Strahlenarten, die ebenfalls unsichtbar waren, auf die photographische Platte einwirkten und undurchsichtige Körper durchdringen konnten.

Gleich nachdem die Zeitungen des Jahres 1896 über die Entdeckung der neuen Strahlen berichtet hatten, war dieses für viele, die Röntgen kannten oder mit ihm befreundet waren, ein Anlaß, ihm zu seiner bedeutenden Entdeckung zu gratulieren. Dabei fällt immer wieder auf, wie sehr sich zunächst das Interesse auf die vermeintlichen Fortschritte der Photographie konzentrierte, die durch die Entdeckung der Strahlen ausgelöst würden. Deshalb schrieb Röntgen in einem Brief an Zehnder:

Das Photographieren war nur Mittel zum Zweck und nun wird daraus die Hauptsache gemacht.

Eine große Freude muß Röntgen aber eine Karte seines Lehrers Professor Gunning bereitet haben, in dessen Haus er während seiner Utrechter Schulzeit gelebt hatte. Das in holländischer Sprache abgefaßte Schreiben hat Röntgen mit besonderer Herzlichkeit beantwortet:

Hochverehrter Herr und Freund!

Von den vielen Überraschungen und Glückwünschen, die mir in der letzten Zeit zu Theil wurden, war mir kaum eine so wertvoll und lieb,

*als die, welche sie mir durch Ihre Karte vom 9. Februar bereiteten ...
Wie häufig habe ich in den letzten Jahren gedacht: wenn ich nur
wüßte, ob die alte Freundschaft noch stark genug ist, so würde ich
schreiben: Pater peccavi, nehmet mich wieder in Liebe auf!*

Mit großer Dankbarkeit begegnet hier der 51jährige Röntgen seinem
69jährigen Lehrer, indem er die Worte des verlorenen Sohnes "Pater
peccavi" nach dem Lukas-Evangelium gebraucht.

Aus den Niederlanden erhielt Röntgen drei Auszeichnungen. Die erste
kam von der Holländischen Gesellschaft der Wissenschaften. Sie er-
nannte Röntgen am 21. Mai 1898 zum auswärtigen Mitglied. Im folgenden Jahr wurde er korrespondierendes Mitglied der Rotterdamer
Wissenschaftlichen Vereinigung. Den Höhepunkt der niederländischen Ehrungen bildete aber die Aufnahme in die Königliche Akademie der Wissenschaften zu Amsterdam. Kein geringerer als van der
Waals (1837-1923) schrieb am 17. Mai 1907, daß die Akademie in ihrer Sitzung vom 26. April 1907 Röntgen zu ihrem Mitglied ernannt
hat. Prof. Dr. Johannes Diderik van der Waals war damals Sekretär
der Königlichen Akademie zu Amsterdam. Für seine Arbeiten über
die Zustandsgleichung der Gase, Dämpfe und Flüssigkeiten erhielt er
1910 den Nobelpreis.

Anläßlich des 60. Geburtstages Röntgens im Jahre 1905 wurde auf
Vorschlag von 13 Physikern am Physikalischen Institut der Universität Würzburg, an der Stelle der Entdeckung der X-Strahlen, eine Tafel
angebracht. Das Glückwunschschreiben der 13 Physiker hat folgenden
Wortlaut:

Sehr verehrter Herr Kollege!

*In diesem Jahr läuft ein Dezennium ab, seitdem Sie der Menschheit
die große Entdeckung ihrer Strahlen geschenkt haben. Unserer Wissenschaft haben Sie damit eine neue Bahn gebrochen, auf der Sie in
kurzer Zeit zu großen Erfolgen vorgedrungen ist. Fast jedes Jahr hat
durch die Verfolgung Ihrer Entdeckung dem Lichte wissenschaftlicher
Erkenntnis neue und fundamentale Vorgänge zugeführt.*

Dem Gefühle des Dankes möchten wir, im Namen und im Auftrag der Deutschen Physiker, dadurch Ausdruck geben, daß wir an dem Physikalischen Institut der Universität Würzburg, der Stelle ihrer großen Entdeckung, eine Tafel mit der Aufschrift anbringen lassen:

IN DIESEM HAUSE ENTDECKTE
W. C. RÖNTGEN IM JAHRE 1895 DIE
NACH IHM BENANNTEN STRAHLEN

27. März 1905

Boltzmann, Braun, Drude, Ebert, Graetz, Kohlrausch, Lorentz, Planck, Riecke, Warburg, Wien, Wiener, Zehnder.

Sie gehörten zu den bedeutendsten Physikern ihrer Zeit. Ihre Namen und die Ergebnisse ihrer Forschungen finden sich auch heute noch in vielen Lehrbüchern der Physik.

Wie Röntgen waren sie in der Mitte des 19. Jahrhunderts geboren worden. Eine ganze Physikergeneration dieser Zeit legte damals die Grundlagen unserer heutigen Physik. Es war die Zeit, in der die Ära der klassischen Physik zu Ende ging und die Anfänge der Quantenphysik und der Relativistischen Physik aufleuchteten. Nicht jeder in diesem Spannungsfeld arbeitende Wissenschaftler vermochte dieser Entwicklung zu folgen. Auch Röntgen blieb den klassischen Vorstellungen verbunden.

Berühmt und einsam

Die Münchener Zeit

Bayerns Hauptstadt München war ein Ort, an dem Wissenschaft und Kunst sich im 19. Jahrhundert in besonderem Maße entfalten konnten. König Ludwig I. (1786-1868) von Bayern hatte in den Jahren seiner von 1825-1848 dauernden Regierungszeit aus Mitteln des Heeresbudgets viele bedeutende Kunstwerke schaffen lassen, wie z. B. die alte Pinakothek oder die Hof- und Staatsbibliothek. Er ließ aber auch für die Universität einen würdigen Bau errichten. Erst kurz vor seiner Regierungszeit hatte sie das Kleinstadtleben in Landshut aufgegeben und war nach München eingezogen. Anfangs fehlte es der Universität, die zunächst im Jesuitenkollegium untergebracht war, an geeigneten Räumen. Um diesem Übelstand abzuhelfen, beschloß der König, am Ende einer neuangelegten Prachtstraße, die seinen Namen trug, einen großen Universitätsbau errichten zu lassen. Diese Universität entwickelte sich zu einem Zentrum wissenschaftlichen Lebens. Um die Jahrhundertwende lehrten bedeutende Wissenschaftler an dieser Einrichtung. Unter ihnen auch der Physiker Max von Laue, der 1914 für seine Entdeckung der Beugung und Interferenz der Röntgenstrahlen durch die Gitterstruktur der Kristalle den Nobelpreis erhielt.

Röntgen konnte hoffen, an dieser aufsteigenden Universität den Kreis von Fachkollegen zu finden, die seine Entdeckung als Ausgangspunkt für weitere Untersuchungen nutzen würden. Er durfte aber auch erwarten, Wissenschaftler zu treffen, mit denen für beide Seiten fördernde Gespräche möglich waren. Doch mit der 1900 erfolgten Übersiedlung Röntgens nach München trat im doppelten Sinne eine Wende in seinem Leben ein. Er gelangte zwar in einen Kreis hervorragender Gelehrter, aber solche freundschaftlichen Beziehungen wie in Würzburg kamen nicht wieder zustande. Seine Berühmtheit wirkte wie eine Mauer, die es ihm, verstärkt durch seine angeborene Zurückhaltung, schwer werden ließ, neue Freunde zu finden. Gleichzeitig verschlimmerte sich das Leiden seiner Frau immer mehr. Ihre häufigen Schmerzanfälle erlaubten keine größeren Geselligkeiten, und so trat die Vereinsamung des großen Mannes ein, dem der Ruf nach München vorausging, daß es schwer sei, mit ihm auszukommen. Tatsächlich konnte Röntgen mitunter schroff oder sogar grob werden. Vor allem aber dürfte bei der in München entstandenen Meinung über ihn die Ablehnung des persönlichen Adels bestimmend gewesen sein, der mit dem Kronenorden verbunden ist.

In den Münchener Jahren nahm Röntgen seine Experimente über die Kristalle wieder auf und veröffentlichte, zum Teil mit seinem Schüler Abram Joffe (1880-1960), der später zum "Vater der Physik" in der ehemaligen Sowjetunion wurde, mehrere Arbeiten. An Röntgens Institut wurden aber auch weitere Untersuchungen über die Röntgenstrahlen durchgeführt. Der frühere Präsident der Akademie der Wissenschaften zu Berlin, Walter Friedrich, arbeitete an Röntgens Institut über die Intensität und Härteverteilung der Röntgenstrahlen um die Antikathode, wie früher die Anode in den Röntgenröhren genannt wurden, und Emil von Angerer (1881-1951) beschäftigte sich mit der Wärmeentwicklung bei der Absorption der Röntgenstrahlen.

Im Frühling fuhren die Röntgens meist nach Cannobio am Lago Maggiore, wo sie sich mit ihren alten Freunden trafen. Oft dachte Röntgen sich die beabsichtigten Touren aus. Er richtete es dann so ein, daß seine Frau das Wanderziel mit einem Wagen erreichen und somit teilnehmen konnte. Manche Scherze waren in Cannobio an der Tagesordnung. So ereignete es sich einmal, daß Röntgen, der sehr viel Wert auf eine tadellose Kleidung legte, eines Abends versehentlich mit einem Lackschuh, einem Bergschuh und einem Smoking zu einem Dinner im Hotel Bellevue erschien. Dieses Ereignis wurde sofort in Cannobio bekannt und gab Gelegenheit zu Witzeleien. Zum nächsten Geburtstag erhielt Röntgen dann ein Zwetschenmännchen im Smoking mit einem Lack- und einem Bergschuh, welches er sorgfältig aufbewahrte.

Auch in der Münchener Zeit blieb die Jagd für Röntgen Freude und

Erholung. Er selbst sagte, daß es von seiner Frau ein ganz feiner Gedanke gewesen sei, die Anschaffung eines Hauses in Weilheim in Oberbayern, wo Röntgen 1909 Ehrenbürger wurde, zu veranlassen. Dieses in einer landschaftlich schönen Umgebung südlich des Ammersees gelegene Haus ließ Röntgen zu einem Jagdhaus ausbauen. Er fühlte sich dort wohl, und gern ging er im bequemen grüngrauen Jagdanzug mit dem alten und schäbigen Jagdhut auf dem Kopf bei Wind und Wetter jagen, ganz im Gegensatz zu seinen sonstigen Gepflogenheiten in der Stadt, wo er seinen großen Stadthut vor jedem Regentropfen bewahrte. Er stand früh um halb vier auf, um das Erwachen der Vögel zu beobachten, und die Freude an der Morgenstimmung hielt ihn oft davon ab, einen Schuß zu tun.

Manche Universität versuchte in diesen Jahren, Röntgen für sich zu gewinnen. Einen Ruf an die Leipziger Universität lehnte Röntgen auf Wunsch seiner Gattin ab. Aus den Fenstern der damaligen Professorenwohnung des in der Linnestraße gelegenen Physikalischen Instituts fiel der Blick unmittelbar auf den neuen Johannis-Friedhof, und Röntgen glaubte, daß dieses für seine schwerkranke Frau nicht leicht zu ertragen gewesen wäre. So konnte er sich nicht entschließen, München zu verlassen, und blieb in dem Kreis bedeutender Persönlichkeiten, zu denen neben dem schon genannten Physiker Max von Laue auch der Anatom Johannes Rückert und der Chemiker Adolf von Baeyer gehörten.

In München versuchte Röntgen auch, den schon in Würzburg gehegten Wunsch nach Einrichtung einer Professur für theoretische Physik zu verwirklichen. Röntgen dachte zunächst an Hendrik Antoon Lorentz, einen der bedeutendsten Physiker des ausgehenden 19. Jahrhunderts. Dessen Arbeiten erstreckten sich auf viele Gebiete der Physik: den Elektromagnetismus, die Thermodynamik, die Gravitation, die kinetische Gastheorie und die Quantenphysik.

Röntgen reiste im Januar 1905 nach Leiden in Holland, wo Lorentz an der dortigen Universität als Professor für Physik lehrte und forschte, um mit ihm die Berufung nach München zu besprechen. Lorentz konnte Röntgen nicht unmittelbar antworten. Er mußte erst die Leidener Fakultät für Naturwissenschaften von dem Ruf nach München in Kenntnis setzen. Mit seiner Fakultät führte Lorentz nun Verhandlungen und nannte Forderungen, die erfüllt werden müßten, wenn er in Leiden verbleiben sollte. Die Fakultät entsprach diesen Forderungen. Am 27. Februar 1905 teilte Lorentz in einem in holländischer Sprache verfaßten Brief Röntgen die Ablehnung des Rufes nach München mit.

Diese Absage muß für Röntgen eine große Enttäuschung gewesen sein. Trotzdem respektierte er diese Entscheidung. In einem Brief vom 14. März 1905 bittet er Lorentz sogar um Rat bei der Besetzung des Münchener Lehrstuhles.

Schließlich fiel die Wahl auf Arnold Sommerfeld, der als Privatdozent in Göttingen wirkte. Mit ihm hatte Röntgen den Mann gefunden, von dem er forderte:

Wir brauchen keinen Mathematiker, sondern einen Physiker, der wohl mit dem ganzen Rüstzeug der Mathematik versehen, und auch vertraut ist, der aber doch genau weiß, was der Physik Noth tut, und der sich nicht in für die Physik unfruchtbare Spekulationen verliert.

Wie bereits vorn erwähnt, hatte Felix Klein den mathematischen Auffassungen Sommerfelds jene Richtung gegeben, die den Anwendungen in der Physik am besten angepaßt war. Um die Jahrhundertwende waren an zahlreichen Orten Untersuchungen über die 1896 von Henri Becquerel entdeckte neue Erscheinung der Radioaktivität aufgenommen worden. Er hatte das hellgrüne Leuchten von Uransalzen bei Bestrahlung mit sichtbarem Licht beobachtet und fragte sich, ob auch die leuchtenden Uransalze X-Strahlen aussenden. Er wickelte die Uransalze in schwarzes Papier und legte das Paket auf eine photographische Platte. Sie wurde geschwärzt. Durch systematische Versuche erkannte er bald, daß nicht X-Strahlen die Ursache waren. Von dem Uran ging eine neue Art von Strahlen aus. Seine am 18. Mai 1896 veröffentlichte Arbeit "Emission von neuen

Strahlen durch Uraniummetalle" enthielt die Grundlagen für die in den folgenden Jahren begonnenen Untersuchungen über die Art dieser Strahlen und die sich daraus ergebenden Konsequenzen für unser Verständnis vom Aufbau der Materie.

Röntgens letzte Jahre

Der Krieg brachte in Röntgens ruhiges Leben große Veränderungen, zumal er bestrebt war, alle durch die Kriegsgesetzgebung geforderten Maßnahmen streng einzuhalten. So ließ er das Gold der ihm verliehenen englischen Rumford-Medaille einschmelzen und verlangte, daß in seinem Haushalt der vorgeschriebene Nahrungsmittelverbrauch streng eingehalten wurde. Nicht selten kam es zu Verstimmungen, wenn seine Gattin ihm in berechtigter Sorge um seine Gesundheit ein etwas reichhaltigeres Essen auftischen wollte.

Auch die Nachkriegsjahre brachten nicht wieder die Ruhe und Ausgeglichenheit in Röntgens Leben zurück. Im Jahr 1919 starb seine Gattin. Nach 47jähriger Ehe bedeutete ihr Tod einen schweren Verlust für Röntgen. An Frau Boveri schrieb er:

Wie war sie stolz auf mich, und doch hat sie sich nicht verleiten lassen, den Ruhm ihres Mannes für sich zu mißbrauchen, wie es manche Frauen tun.

Am 1. April 1920, fünf Monate nach dem Tode seiner Frau, wurde Röntgen auf eigenen Wunsch von seinen amtlichen Pflichten gegenüber der Universität entbunden. Wegen des Krieges hatte er diese fünf Jahre länger als üblich mit großer Treue erfüllt. Im gleichen Jahr redigierte er seine letzte wissenschaftliche Arbeit. Zusammen mit Joffe hatte er erneut die Elektrizitätsleitung in einigen Kristallen untersucht und den Einfluß einer Bestrahlung darauf studiert. Diese Arbeit erschien 1921 in den Annalen der Physik, in denen Röntgen viele seiner Arbeiten publiziert hatte. Es war ihm eine große Last gewesen, dabei am Schreibtisch sitzen zu müssen, wo ihm doch das Experimentieren auch im hohen Alter noch größte Freude bereitete.

Röntgen starb am 10. Februar 1923, kurz vor Vollendung des achtundsiebzigsten Lebensjahres, in seiner Münchener Wohnung an einem Darmkarzinom. Nur vier Tage vor seinem Tode hatte er ernsthafte Beschwerden, die ihn, der noch eine Reise nach dem sonnigen Sizilien geplant hatte, an das Bett fesselten. Seine liebenswürdige Haushälterin, Käthi Fuchs, war 1899 mit 19 Jahren in den Dienst der Familie Röntgen eingetreten. Sie hatte miterlebt, was sich im Hause des großen Gelehrten nach der Entdeckung der X-Strahlen ereignete. Sie erlebte das Sterben von Frau Röntgen, und sie hatte sich bis zu seinem Tode aufopfernd um ihre "Excellenz", wie sie Röntgen stets zu nennen pflegte, bemüht. Aus einem ihrer Briefe erfahren wir:

... daß seine Excellenz noch bis zum 4. Tage vor seinem Tode sich ganz frisch gefühlt und wohl selbst nicht ans Sterben gedacht habe.

Am 6. Februar 1923, es war ein Dienstag, klagte Röntgen über heftige Leibschmerzen, die fast den ganzen Tag anhielten. Der Hausarzt war in großer Sorge und zog den berühmten Münchener Professor für Innere Medizin, Friedrich von Müller, zu Rate.

Zwei Tage vor seinem Tode fühlte sich Röntgen wieder besser, und die Ärzte sagten, daß er wohl für dieses Mal über den Berg sei. Doch am darauffolgenden Tag mußte er viel erbrechen und wurde recht schwach. In der Nacht vom Freitag zum Samstag telefonierte Käthi Fuchs mit dem Arzt, der am folgenden Morgen in aller Frühe kam, um Röntgen zu behandeln. Unmittelbar nach dem Weggang des Arztes verstarb Röntgen.

Seine Testamentsvollstreckerin, Frau Geheimrat Boveri, die Tochter seines Freundes Theodor Boveri, und Dr. Ernst Cohen schickten in alle Welt die Todesnachricht:

Heute früh halb 9 Uhr verschied nach kurzer Krankheit im 78. Lebensjahr
Excellenz Geheimrat Professor
Dr. Wilhelm Conrad Röntgen
In tiefster Trauer
Die Verwandten und Freunde
München, den 10. Februar 1923
Die Einäscherung findet am Dienstag, dem 13. Februar 1923 vormittags
10 Uhr im östlichen Friedhof statt.

Zahlreiche Blumenkränze und Kondolenzschreiben aus aller Welt wurden Röntgen bei seiner Bestattung zuteil. Unter dem Blumenschmuck fand sich auch ein schöner Strauß von Röntgens holländischen Verwandten. Der große Gelehrte fand auf dem Friedhof in Gießen seine letzte Ruhestätte.

Wie kaum ein anderer der Großen der Wissenschaft war es ihm vergönnt gewesen, noch zu Lebzeiten die Bedeutung der von ihm entdeckten Strahlen für viele wissenschaftliche Disziplinen wachsen zu sehen.

Er erlebte auch, daß sein Hinweis, den er bereits in der ersten Mitteilung gegeben hatte, die Strahlen sowohl in der medizinischen Diagnostik als auch in der Materialprüfung zur Erkennung von Materialfehlern zu verwenden, aufgegriffen und in faszinierender Art und Weise realisiert werden konnte. Was wäre die heutige Medizin ohne die Röntgendiagnostik?

Nach seinem Tode hörten die Ehrungen durch die Errichtung von Denkmälern sowie durch den Bau von Museen und Bibliotheken, die seinen Namen tragen, nicht auf. Am 17. Februar 1928 wurde in St. Petersburg anläßlich seines fünften Todestages die vom Bildhauer V. A. Sinaiskij geschaffene Bronzebüste auf einem Granitpostament in der Röntgenstraße errichtet, gegenüber dem Haupteingang zum damaligen Staatsinstitut für Röntgenologie und Radiologie. V. V. Collin, Ordinarius für klinische Radiologie, berichtet, daß an einem Märztage des Kriegsjahres 1942 die Büste durch ein explodierendes Geschoß heruntergerissen, aber von der Bevölkerung schon am nächsten Tage wieder richtig postiert wurde. 1944 erfolgte eine Renovierung des Denkmals.

Besonders Röntgens Geburtsstadt Lennep ehrte ihren großen Sohn durch das 1930 dort geschaffene Röntgen-Museum, welches in einem schönen Patrizierhaus untergebracht wurde (Abb. 16). 1937 erfolgte die erste Erweiterung des Museums durch den Bau einer Halle, an die sich der zweite, 1959 beendete Neubau anschloß. An zahlreichen Beispielen, angefangen von der heute so einfach anmutenden rekonstruierten Apparatur des Entdeckers bis zu den modernsten Röntgenanlagen unserer Zeit, vermag der Besucher die großartige Entwicklung noch einmal an sich vorüberziehen zu lassen, welche Wilhelm Conrad Röntgen an jenem Novemberabend des Jahres 1895 ausgelöst hat.

Abb. 16: Das Deutsche Röntgen-Museum in Remscheid-Lennep (Aufnahme von 1980)

Das Erbe

Röntgenstrahlen - eine physikalische Erscheinung voller Überraschungen

Röntgen beschränkte sich in seinen Untersuchungen durchaus nicht nur auf rein physikalische Aspekte, sondern er erprobte auch die Möglichkeit, Teile des menschlichen Körpers den X-Strahlen auszusetzen. Die Aufnahme der Hand seiner Frau ist nur ein Beispiel dafür. Radiogramme dieser Art riefen sofort ein ungeheuer großes Interesse an Röntgens Entdeckung hervor, und bis zu den ersten medizinisch-diagnostischen Anwendungen vergingen nur wenige Monate.

Während sich die diagnostische Anwendung der Röntgenstrahlen sogleich weltweit verbreitete, dauerte es einige Jahre, bis die ersten Informationen über die Wechselwirkungen dieser Strahlen mit der Materie bekannt wurden. Zwar berichteten bereits am 3. Februar 1896 L. Benoist und D. Hurmuzescu der Pariser Akademie der Wissenschaften, daß Röntgenstrahlen ein aufgeladenes Goldblatt-Elektroskop zu entladen vermögen. Auch Röntgen hatte mit diesem aus einem Doppelpendel aus feinen Goldplättchen innerhalb einer Schutzflasche bestehenden Gerät zum Nachweis elektrischer Ladungen gearbeitet und die genannte Erscheinung in seiner zweiten Mitteilung vom 9. März 1896 beschrieben. Er bemerkte dazu, daß ihm diese Eigenschaft schon zur Zeit seiner ersten Mitteilung bekannt gewesen sei.

Der russische Physiker Iwan Iwanowitsch Borgmann (1849-1914) von der St. Petersburger Universität schickte Anfang Februar des gleichen Jahres an den Herausgeber des Londoner "Electrician" folgendes Telegramm:

Röntgenstrahlen entladen schnell positive und negative Elektrizität.

Doch diese wichtigen Beobachtungen wurden zunächst in ihrer Bedeutung nicht erkannt. Die faszinierende Durchdringungsfähigkeit der Röntgenstrahlen lenkte alle Aufmerksamkeit auf sich. Am 27. Februar 1896 teilte der englische Physiker Joseph John Thomson (1856-1940) mit, daß Röntgenstrahlen die Luftmoleküle in elektrisch geladene Teilchen aufspalten können. Er verglich diesen Vorgang mit der Dissoziation von Salzmolekülen in wässeriger Lösung in positiv und negativ geladene Ionen. Mit Hilfe der Röntgenstrahlen war es damit zum ersten Male gelungen, in Luft gleich viele positive und negative Ladungsträger in großer Menge zu erzeugen. Thomson prägte mit folgender Formulierung die Bezeichnung Ionisation:

... the air is ionised ...

Seitdem sprechen wir von ionisierender Strahlung.

Zur gleichen Zeit beobachtete Charles Thomas Rees Wilson (1869-1959), wie sich an diesen Ionen übersättigter Wasserdampf kondensieren kann. Diese Beobachtung gelang Wilson mit der später nach ihm benannten Nebelkammer zur Sichtbarmachung ionisierender Strahlungen. Für die Röntgendiagnostik und die Therapie ist die Kenntnis der biologischen Wirkungen der ionisierenden Röntgenstrahlung von größter Bedeutung.

Der Weg zu diesen Erkenntnissen war mühevoll, oft mit Irrtümern behaftet, und erst in den letzten Jahrzehnten konnten große Fortschritte erzielt werden. Zahlreiche Forscher haben sich mit hoher Intensität an diesen Arbeiten beteiligt, so auch Friedrich Dessauer (1883-1963).

Er erhielt 1919 an der Frankfurter Universität einen Lehrstuhl zur Erforschung der Krebsbekämpfung durch Röntgenstrahlen. Dessauer erinnerte sich, wie sein Vater am Mittagstisch den zehn Kindern, unter denen er das neunte war, die erste Zeitungsnachricht von der Entdeckung der X-Strahlen vorlas. Er war damals noch nicht 15 Jahre alt, hatte aber in seinem Zimmerchen bereits ein kleines physikalisch-technisches Kabinett eingerichtet. Bald baute er sich seinen eigenen Röntgenapparat. Mit diesem transportablen Gerät fuhr er von München, wo er studierte, nach Würzburg, wo sein Bruder an einer schweren, aber nicht sicher erkannten Krankheit darniederlag. Dies geschah zu jener Zeit, als Röntgen von Würzburg nach München berufen wurde. Dessauer nahm die Durchleuchtung am Krankenbett vor, so daß die Ärzte ihre Diagnose stellen konnten: es war eine tödliche Krankheit. Das machte auf die Umgebung einen so tiefen Eindruck, daß man Dessauer riet, Röntgenforscher zu werden. Glücklicherweise befolgte er diesen Rat. 1908 wies er als junger Aschaffenburger Ingenieur im Ärztlichen Verein zu Frankfurt in einem Vortrag auf die Möglichkeit hin, mit Röntgenstrahlen therapeutisch in die Tiefe wirken zu können. Im Jahre 1921 gründete Dessauer das Institut für Physikalische Grundlagen der Medizin. Vorher war er schon seit mehreren Jahren als Leiter der in Frankfurt ansässigen Firma "Vereinigte Elektrotechnische Institute Frankfurt/Aschaffenburg" damit beschäftigt, elektrotechnische Geräte, vor allem für Heilzwecke, zu entwikkeln und zu erproben.

Die Universität hatte zwar einen Lehrstuhl für dieses Fachgebiet eingerichtet, ihr fehlten aber für die neuen Forschungsaufgaben die notwendigen Einrichtungen und Geräte. Schließlich fand sich aber ein Kreis von Freunden und Stiftern, die erhebliche Beträge für den Ausbau eines Forschungsinstituts zur Verfügung stellten. Durch den Rechtsanwalt Henry Oswalt wurde dann am 1. Februar 1921 eine Stiftung unter dem Namen "Institut für Physikalische Grundlagen der Medizin" gegründet. Dessauer, der die Leitung dieses Instituts übernahm, waren große wissenschaftliche Erfolge beschieden. Ihm verdanken wir z. B. einen interessanten Erklärungsversuch für die Dosis-Wirkungsbeziehungen, die sich bei der Bestrahlung von biologischen Objekten mit Röntgenstrahlen ergeben.

Beim Studium der Strahlenwirkung im biologischen Experiment stellte sich heraus, daß auch nach sehr hohen Dosen nicht alle exponierten Organismen starben. Die sich ergebende Form der Dosis-Effekt-Kurve (Abb. 17) wurde durch Streuung des biologischen Materials erklärt, bis Dessauer 1922 das Trefferprinzip aufstellte. Mit diesem Prinzip fanden die Lehre von der Quantennatur der Strahlung und die statistische Gesetzmäßigkeit Eingang in die Strahlenbiologie. William

Crowther führte dann den Begriff des Trefferbereiches ein. In Deutschland waren an der Weiterentwicklung dieser Theorie vor allem Timofeeff-Resovsky, Zimmer, Sommermeyer, Holthusen, Glocker und auch Boris Rajewsky (1893-1974) beteiligt, der die indirekte Treffertheorie aufstellte. Wenn man auch heute erkannt hat, daß die Einwirkung von Röntgenstrahlen auf Lebewesen ein wesentlich komplizierterer Vorgang ist, so haben diese ersten Gedanken doch folgenreiche Experimente veranlaßt.

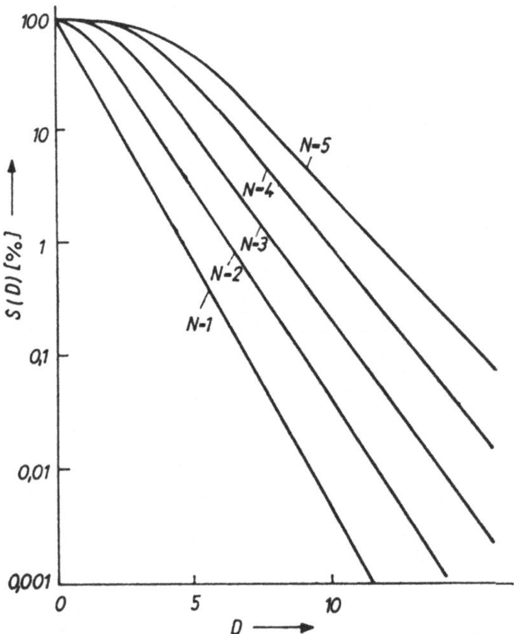

Abb. 17: Dosis-Effekt-Kurven von Mehrtrefferreaktionen (N=1 bis N=5) in halblogarithmischer Darstellung. Aufgetragen ist die Überlebensrate einer Bakterienkultur S(D) über einem relativen Dosismaß D

Insbesondere führten diese Vorstellungen weg von den zunächst ungezielten medizinischen Anwendungen der Röntgenstrahlen bei dem Versuch der Beeinflussung von Krebskranken und hin zu den systematischen Untersuchungen an mikroskopischen Objekten. Dabei waren die Versuche zur Inaktivierung von Enzymen, Viren und Bakterien von besonderer Bedeutung. Mit diesen Untersuchungen wurde die moderne Biophysik begründet, die von den deutschen Forscherstätten ihren Ausgang nahm. Boris Rajewsky, der 1934 als Schüler und Mitarbeiter in das von Dessauer geleitete Institut für Physikalische Grundlagen der Medizin eintrat und 1937 Direktor eines von der Kaiser-Wilhelm-Gesellschaft für ihn gegründeten Institutes wurde, antwortete auf die Frage des damaligen Präsidenten der Gesellschaft, Geheimrat Karl Bosch (1874-1940), wie das neue Institut heißen solle:

Herr Geheimrat, es soll 'Kaiser-Wilhelm-Institut für Biophysik' heißen.

Damit wurde der heute so geläufig gewordene Begriff der "Biophysik" geprägt. Es war die Geburtsstunde eines neuen Faches, welches seine ersten Impulse aus der mit Hilfe der Röntgenstrahlen möglich gewordenen strahlenmedizinischen Praxis entnahm. Dort ergaben sich dringende Fragestellungen, die zunächst nur physikalisch bearbeitet werden konnten. Sehr bald zeigte es sich, daß die Biophysik, als Grenzgebiet zwischen Physik, Medizin und Biologie, für die Rolle einer Vermittlerin zwischen diesen wissenschaftlichen Disziplinen prädestiniert ist. Die biophysikalische Forschung ist fast immer Grundlagenforschung und angewandte Forschung zugleich. Durch die Verfolgung ihres großen Zieles, das Erkennen des Platzes der Physik im Weltbild der Biologie, und durch ihre wichtigen Anwendungsgebiete von der Agrikultur bis zur Medizin, wird die Biophysik zu einer unentbehrlichen Hilfsdisziplin. Auf dem molekularen Gebiet begegnet sie unmittelbar der Biochemie. Hier gehen beide Wissenschaften zum Teil ineinander über.

Die Bedeutung der Röntgenstrahlen für das neue Gebiet der Biophysik wird noch einmal deutlich, wenn man das große Verzeichnis der wissenschaftlichen Arbeiten dieses Faches betrachtet. Es beginnt mit zwei Themen: "Untersuchungen über die Krebserzeugung durch Strahlen" und "Mikrokinematographische Studien über die Wirkung von Röntgenstrahlen auf normale Tumorzellen in Gewebekulturen".

Als im Jahre 1927 Hermann Joseph Muller (1890-1967) in den USA herausgefunden hatte, daß Röntgenstrahlen künstliche Mutationen auslösen können, d. h. qualitative oder quantitative Veränderungen des genetischen Materials von Lebewesen, und sich später zeigte, daß sowohl alle ionisierenden Strahlen als auch das ultraviolette Licht ähnliche Wirkungen haben, wurde eine neue Dimension der Gefährdung durch Strahleneinwirkung sichtbar. Die Biophysik der damaligen Zeit griff diese Problematik sofort auf, erarbeitete zusammen mit anderen wissenschaftlichen Disziplinen die Grundlagen des Strahlenschutzes und studierte die Beziehungen zwischen Strahlendosis und Strahleneinwirkungen. Damit entstanden die Voraussetzungen für einen gezielten Einsatz der Röntgenstrahlen und der anderen ionisierenden Strahlungen in der klinischen Therapie der Geschwulsterkrankungen. Zur meßtechnischen Erfassung der applizierten Strahlenmenge verwendet man den Begriff Dosis.

Der Schweizer Arzt und Physiker Th. Christen war einer der ersten, der bereits 1913 klare Vorstellungen über den Dosisbegriff entwickelte. 1924 wurde durch Zusammenarbeit zwischen der Physikalisch-Technischen Reichsanstalt und der Deutschen Röntgengesellschaft eine auf der Ionisation der Luft beruhende Dosiseinheit, das "Röntgen" (R), in Deutschland eingeführt und auf dem zweiten Internationalen Kongreß für Radiologie 1928 in Stockholm mit einer kleinen Änderung (bezogen auf $0\,^{\circ}C$ an Stelle von $18\,^{\circ}C$) als international verbindliche Dosiseinheit für Röntgenstrahlen übernommen.

Mit dem "Röntgen" wurde zwar eine Einheit definiert, jedoch nicht, wie sonst in der Physik allgemein üblich, vorher eine Definition der zu messenden Größe gegeben. Das geschah erst 1953 durch die Einführung der "Energiedosis" auf dem 7. Internationalen Kongreß für Radiologie in Kopenhagen und durch die Definition der "Ionendosis" auf Grund der Empfehlungen der Internationalen Kommission für radiologische Einheiten und Messungen (ICRU) von 1971. Dabei ist die Energiedosis die durch die Masse eines bestrahlten Gewebevolumens dividierte und von diesem absorbierte Strahlenenergie. Die Maßeinheit der Energiedosis ist Joule je Kilogramm oder Gray (Gy) [früher: Rad (rd); 1 Gy = 100 rd]. Weil die Energiedosis selbst schwer meßbar ist, wird sie meistens mit Hilfe geeigneter Formeln berechnet.

Die Ionendosis oder Exposition knüpft an die ionisierende Wirkung der Röntgenstrahlen an. Sie stellt das Verhältnis der von der ionisierenden Strahlung in einem Luftvolumen erzeugten Ladungsmenge zur Masse des Luftvolumens dar. Die heutige Maßeinheit ist das Coulomb pro Kilogramm (C/kg). Ursprünglich trug diese Einheit den Namen des Entdeckers der Röntgenstrahlung. Im Internationalen Einheitensystem (SI) gilt zwischen der Einheit "Röntgen", abgekürzt R, und der SI-Einheit C/kg die Umrechnung: $1R = 2{,}58 * 10^{-4}$ C/kg = 0,000258 C/kg. Im Gegensatz zur Energiedosis läßt sich die Ionendosis meßtechnisch unmittelbar erfassen. Sie ist die wichtigste Maßgröße der Dosimetrie. Die Messung der Ionendosis war eine der Voraussetzungen für die quantitativen Untersuchungen der Strahlenwirkungen durch die Biophysik. Außerdem wird der Dosisbegriff beim Strahlenschutz verwendet.

Trotz unserer auch heute noch begrenzten Kenntnisse von der Wirkung geringerer Strahlendosis auf niedrigere Lebewesen und der beinahe nicht vorhandenen Kenntnisse über die Wirkung kleinerer Strahlendosen auf Menschen gelang es doch, die zulässige Belastung der mit Strahlen arbeitenden Menschen so niedrig festzulegen, daß die Wahrscheinlichkeit einer Strahlenschädigung gering ist.

Für den praktischen Einsatz der Röntgenstrahlen bei der Geschwulstbehandlung war die Erkenntnis wesentlich, daß schnell wachsendes Gewebe, wie z. B. das Tumorgewebe, im allgemeinen strahlenempfindlicher ist als normal wachsendes Gewebe. Dadurch hat der Strahlentherapeut die Möglichkeit, das krankhafte Gewebe gezielt stärker zu schädigen als das gesunde Gewebe. Allerdings gibt es verschiedene Faktoren, welche die Erreichung dieses Zieles erschweren. Eine Schwierigkeit besteht darin, daß in vielen Bestrahlungssituationen die Dosis so von der Tiefe im bestrahlen Gewebe abhängt, daß einerseits die vor dem Tumor liegenden Gewebebereiche beträchtliche Dosen erhalten, andererseits hinter dem Tumor liegende Organe mitbestrahlt werden. Auch besitzt der Tumor häufig sauerstoffarme und damit strahlenresistente Zellbereiche, die erst bei höheren Strahlendosen ausgeschaltet werden können und damit einen selektiven Überlebensvorteil gegenüber gesundem Gewebe haben.

Es war eine frühe klinische Erfahrung, daß sich in den meisten Fällen erfolgreiche Strahlentherapie nur durch vielfältige Fraktionierung, d.h. Aufteilung der Dosis über mehrere Wochen hinweg, erreichen läßt. Je größer die Anzahl der Einzelfraktionen und je länger die Bestrahlung ist, um so stärker muß dabei die Gesamtdosis erhöht werden. Trotz dieser Erfahrung hat es jedoch viele Jahre intensiver Forschung bedurft, bis Regeln gefunden wurden, die diese Abhängigkeit quantitativ ausdrücken.

Ein vollständiges Verständnis der biologischen Wirkungen der von Röntgen entdeckten Strahlen gibt es jedoch auch heute, 100 Jahre später, trotz vieler Einzelerkenntnisse noch immer nicht. So überrascht z. B. nach wie vor die Tatsache, daß zur Inaktivierung eines bestimmten Prozentsatzes von Viren einer Population eine Exposition von 10 000 R bis 100 000 R erforderlich ist, zur Abtötung des gleichen Prozentsatzes von Zellen einer Zellpopulation jedoch bereits 1000 R genügen und bei einer Ganzkörperbestrahlung des Menschen bereits eine Einzeldosis von 200 R zu einem erheblichen Prozentsatz von tödlicher Wirkung sein kann.

Wenn wir davon ausgehen, daß eine Energie von etwa 30 Elektronenvolt (eV) notwendig ist, um ein Atom eines gewebeäquivalenten Gases zu ionisieren, dann entspricht die Dosis bei der Ganzkörperbestrahlung einer Erwärmung des gesamten Organismus von etwa $1/1000\ ^{\circ}$C. Dieses scheint ein viel zu geringer Wert zu sein, um zum Tod des Organismus zu führen. Jedoch ist der Vergleich mit der Wärmeenergie insofern irreführend, als diese eine völlig disperse, d. h. völlig gleichmäßig verteilte und daher relativ unwirksame Form der Energie darstellt. Die statistische Energielokalisation war es aber gerade, die Dessauer veranlaßt hatte, von einem Trefferereignis bei der Strahlenwirkung zu sprechen. Er machte über die Art des "Treffers" zunächst keine weiteren Annahmen, sondern sprach ganz allgemein von "Punktwärme", um das Trefferereignis zu charakterisieren. Growther, der etwa gleichzeitig mit Dessauer den Formalismus der Treffertheorie entwickelte, nahm statt dessen an, es handle sich bei den Treffern um einzelne Ionisationen, die in empfindlichen Strukturen der Viren oder Bakterien erfolgen. Diese Auffassung hat sich später bei vielen strahlenbiologischen Untersuchungen an Viren, Phagen und Bakterien bestätigt. Es konnte nachgewiesen werden, daß die Ablösung einzelner Elektronen aus dem Atomverband von freien Radikalen zur Inaktivierung der biologischen Objekte führen kann.

Die Tatsache, daß ein quantenmechanisches Elementarereignis, wie die Ablösung eines einzelnen Elektrons, ein komplexes, aus vielen Milliarden Atomen bestehendes System inaktivieren kann, war für den Physiker ebenso faszinierend wie für den Biologen. Allerdings ist es sowohl vom physikalischen als auch vom biologischen Standpunkt aus zu verstehen, daß der Versuch scheitern mußte, die Strahlenwirkungen allein durch gleichartige, statistische, unabhängige Treffereignisse zu erklären.

Es ist zwar richtig erkannt worden, daß die Energieübertragung vom Strahlungsfeld der Röntgenstrahlen oder anderer auf die bestrahlte Materie in direkten, zufälligen Akten erfolgt, jedoch ist dieser Prozeß weitaus komplizierter als die Treffertheorie postuliert. Tatsächlich entsteht beim Durchgang einer Strahlung durch eine Zelle ein komplexes mikrogeometrisches Muster von Anregungen und Ionisationen, welches für alle Arten ionisierender Strahlen sehr verschieden ist. Daraus resultiert eine unterschiedliche biologische Wirksamkeit der einzelnen Strahlenarten.

Bezüglich ihrer biologischen Wirksamkeit ist die Röntgenstrahlung eine schwach ionisierende Strahlung, d. h., die von ihr pro Wegstrecke auf das Gewebe übertragende Energie ist geringer als bei der stark ionisierenden Teilchenstrahlung. Dieser Wirkungsunterschied ist am größten bei geringen Dosen und weit weniger ausgeprägt bei hohen Dosen. Deshalb läßt sich einer bestimmten Strahlenart im Verhältnis zu einer anderen kein bestimmter Wert ihrer relativen biologischen Wirksamkeit zuordnen. Es läßt sich aber sagen, daß die Röntgenstrahlung in ihrer Wirkung auf einzelne Zellen weniger wirksam ist als etwa die Alpha-Strahlung oder die Neutronenstrahlung.

Als Röntgen in seinem Laboratorium experimentierte, hat er viele Eigenschaften der neuen Strahlen bereits erkannt und in seinen Mitteilungen beschrieben. Was er nicht wissen konnte, waren die überraschenden Wirkungen dieser Strahlen, die sie auf lebende Materie ausüben. Mit seiner Entdeckung hat Röntgen dazu beigetragen, Fragestellungen für Generationen von Wissenschaftlern zu liefern, die sich z.B. im Rahmen der Biophysik das Ziel gestellt haben, die Wirkungen der Strahlungen auf den Menschen verstehen zu lernen und damit dem Strahlentherapeuten Möglichkeiten zur Schaffung optimaler Bestrahlungsmethoden zu liefern.

Hätte Röntgen seine Entdeckung nicht in Form von Patenten zu seinem persönlichen Vorteil nutzen können? Wenn man an seinen Brief vom 16. Januar 1895 denkt, in dem er im Zusammenhang mit seiner Berufung nach Utrecht geschrieben hatte:

Daß mir ... finanzielle Vorteile ganz egal sind, ist durchaus nicht richtig ... ,

dann müßte man annehmen, daß Röntgen an eine Vermarktung seiner Entdeckung gedacht hat. In seiner ursprünglichen Ausbildung zum Ingenieur wird er aber auch etwas über das Patentwesen erfahren haben. So wird ihm bekannt gewesen sein, daß eine Erfindung nicht vorbeschrieben sein darf. Dieses aber war durch seine Veröffentlichung über die X-Strahlen geschehen. Deshalb hat auch Dr. Max Levy (1869-1932), der von der AEG, einer großen Elektrofirma, beauftragt war, an Röntgen heranzutreten, um mit ihm einen Vertrag abzuschließen, nur darum ersucht, Röntgens künftige Erfindungen und Entdeckungen unter gewissen Bedingungen der AEG zu überlassen. Röntgen, so schreibt Dr. Levy, habe keinesfalls die Vorteile einer Zusammenarbeit mit einem so großen Unternehmen verkannt, sich aber dennoch für die Stille und Geborgenheit seiner Forschungen in seinem Universitätslabor entschieden.

Strahlenschutz - ein weltweites Gebot

Bereits am 3. Oktober 1896 beschrieb der Glasgower Arzt McIntyre schwere Schädigungen seiner Hand, die durch lange Bestrahlungszeiten verursacht worden waren. Einen Einblick in den Verlauf einer Strahlenschädigung gab der 1896 durchgeführte Selbstversuch des Erfinders und Forschers Elihu Thomson. Er machte damit andere Forscher auf die Gefahren der Röntgenstrahlung aufmerksam. Auch Röntgen erfuhr natürlich von den schädigenden Wirkungen der von ihm entdeckten Strahlen. Beispielsweise erhielt er zu seinem 70. Geburtstag einen Brief von einem Herrn van de Lear aus Nijmegen in Holland. Dieser schildert, wie nach einer 13 Jahre zurückliegenden zu intensiven und langdauernden Bestrahlung seine linke Hand amputiert werden mußte. Herr van de Lear schreibt aber auch, daß seinem Fall tausend andere gegenüberstehen, für welche Röntgens Entdeckung von großem Nutzen gewesen sei. Auch Dessauer verstarb 1963 an einem Leiden, daß er sich Jahre zuvor bei Versuchen mit Röntgenstrahlen zugezogen hatte.

Die durch Röntgenstrahlen verursachten Schäden erstrecken sich keineswegs nur auf das Leben und die Gesundheit der Betroffenen, sondern am schwersten und unheimlichsten sind die Erbschädigungen, die in den nachfolgenden Generationen zu vorzeitigem Tod, zu Krankheit und Mißbildungen führen können. Röntgens Entdeckung hat ebenso wie die Entdeckung der anderen energiereichen Strahlungen nicht nur positive Folgen gehabt. Die Strahlenwirkungen der Nuklearwaffen in Hiroshima und Nagasaki haben die gesamte Menschheit tief getroffen.

Seit fast 100 Jahren werden in der Medizin Röntgenstrahlen und seit etwa 50 Jahren auch Radionuklide diagnostisch und therapeutisch eingesetzt. In beträchtlichem Maße wird die von der Industrie benötigte Elektroenergie in Kernkraftwerken erzeugt. Mit diesen Tatsachen haben wir gelernt zu leben, obwohl wir wissen, daß damit zusätzliche Gefahren für die Einzelperson und für die gesamte Population verbunden sind. Aus all diesen Anwendungen der Strahlen resultiert eine zusätzliche "zivilisatorische" Strahlenbelastung. Erhebungen in Großbritannien haben ergeben, daß die medizinische Strahlenbelastung eine mittlere Äquivalenzdosis von etwa 34 mrem/Jahr für das Knochenmark und von etwa 19 mrem/Jahr für die Fortpflanzungsorgane bewirkt. Verständlicherweise bemüht man sich natürlich darum, unerwünschte Strahlenwirkungen zu begrenzen. Diese Bemühungen sind Gegenstand des Strahlenschutzes. Eine internationale Kommission, die ICRP (International Commission on Radiological Protection), ist mit der Ausarbeitung von Empfehlungen beauftragt, die sich mit den Grundproblemen des Strahlenschutzes befassen. Den nationalen Strahlenkommissionen obliegt die Verantwortlichkeit für die Einführung von speziellen Vorschriften und Arbeitsrichtlinien, die den Bedürfnissen der einzelnen Länder entsprechen. Verbindlich sind die Euratom-Richtlinien zur Festlegung der Grundnormen für den Schutz der Bevölkerung und der Arbeitskräfte gegen die Gefahren ionisierender Strahlen.

Eine wesentliche Aufgabe des Strahlenschutzes besteht darin, für die Bevölkerung und für beruflich strahlenexponierte Personen Höchstgrenzen der Strahlenbelastung festzulegen. So beträgt die höchstzulässige Äquivalentdosis gegenwärtig für den zuletzt genannten Personenkreis $5 * 10^{-2}$ Sv/Jahr oder 5 rem/Jahr. Experimentelle Beobachtungen an Zellkulturen könnten in Zukunft eine Revision der maximal zulässigen Äquivalentdosis bewirken.

Aus physikalischer Sicht ergeben sich drei Möglichkeiten, strahlenexponierte Personen so zu schützen, daß die maximal zulässige Äquivalentdosis nicht überschritten wird. Zwei dieser Möglichkeiten hatte Röntgen schon unbewußt genutzt. So lesen wir bereits in seiner ersten Mitteilung, daß die Intensität der Strahlen umgekehrt proportional zum Quadrat der Entfernung von der Röhre abnimmt. Diese Erkenntnis hat zum sogenannten geometrischen Strahlenschutz geführt: Ist bei einer Röntgenröhre das Verhältnis vom geometrischen Brennfleckdurchmesser zum Objektabstand wesentlich kleiner als eins, dann verhalten sich die Dosisleistungen, d. h. die Verhältnisse der jeweiligen Dosis zur Bestrahlungsdauer, in zwei verschiedenen

Abständen vom Fokus umgekehrt wie die Quadrate der zugehörigen Abstände. Dadurch lassen sich bei einer Vergrößerung des Abstandes von der Strahlungsquelle unerwünschte Strahleneinwirkungen vermindern.

Auch die zweite Möglichkeit eines physikalischen Strahlenschutzes hatte Röntgen bereits genutzt: Um seine photographischen Platten vor unbeabsichtigter Bestrahlung zu schützen, führte er seine Experimente in einer großen Zinkkiste durch, und eine Seite der Kiste verstärkte er schon bald mit Blei.

Ein Reporter der englischen Zeitschrift "McClure's Magazine", dem Röntgen Anfang 1896 ein Interview gewährte, beschreibt diese Zinkkiste wie folgt:

Der merkwürdigste Gegenstand in diesem Raum (Röntgens Arbeitsraum) war eine große und mysteriös aussehende Zinkkiste, die ungefähr 7 Fuß hoch und 4 Fuß im Quadrat war. Sie stand auf einem Ende wie eine große Kiste, und eine ihrer Seiten war nur etwa 5 Zoll von den Crookesschen Röhren entfernt ... An einem Ende der Zinkkiste, und zwar direkt gegenüber der Röhre, war ein rundes Aluminiumblech von 1 mm Dicke angebracht ... Um die Strahlen zu untersuchen, brauchte der Professor also nur den Strom einzuschalten und nach dem Eintritt in die Kiste die Tür zu schließen, um dann in vollkommener Dunkelheit nur das Licht oder die Effekte seines Lichtes zu studieren.

Da die Dosisleistung einer Röntgenstrahlung mit zunehmender Dicke der Abschirmung näherungsweise exponentiell abnimmt, gelingt keine Totalabschirmung. Auch ist zu beachten, daß die hinter der Abschirmung auftretende Dosisleistung durch Streuung in der Schutzschicht beeinflußt werden kann. Für den Strahlenschutz ist die sogenannte Zehntelwertdicke einer Schutzschicht besonders wichtig. Darunter wird jene Schichtdicke verstanden, welche die Dosisleistung in einem breiten Bündel von Röntgenstrahlen auf 1/10 des Anfangswertes herabsetzt. Dabei ist zu beachten, daß hierbei häufig Schichtdicken in der Maßeinheit Gramm je Quadratzentimeter (g/cm^2) angegeben werden.

Durch Division der Schichtdicke in g/cm^2 durch die Dichte der Abschirmung in g/cm^3 wird die geometrische Schichtdicke in cm erhalten.

Über Röntgens Maßnahmen hinaus ist heute noch eine dritte Möglichkeit des physikalischen Strahlenschutzes möglich: die zeitliche Begrenzung der Strahleneinwirkung.

Unter allen Umständen muß beim Umgang mit Röntgenstrahlen eine direkte Bestrahlung des Personals vermieden werden. In jedem Fall ist Strahlenschutzkleidung aus Bleigummi zu tragen. Alle strahlenexponierten Personen müssen dosimetrisch untersucht werden. Die Verwendung moderner Meßgeräte erlaubt heute die Einhaltung eines wichtigen Grundsatzes: Setzen Sie sich selbst und andere Personen nie einer unkontrollierten Strahlung aus!

Mit der Entdeckung seiner neuen Art von Strahlen hat uns Röntgen ein nützliches, aber zugleich auch schwieriges Erbe hinterlassen. Es bietet einerseits Möglichkeiten, ohne die wir uns z. B. eine medizinische Diagnostik kaum noch vorstellen können. Andererseits stellt Röntgens Erbe bei nicht kontrollierter Anwendung eine große Gefahr dar, die besonders in Verbindung mit den anderen ionisierenden Strahlen zu einer nicht unwesentlichen Erhöhung der natürlichen Umgebungsstrahlung geführt hat. Deshalb tragen alle Personen, die mit diesen Strahlen aus beruflichen Gründen umzugehen haben, eine große Verantwortung, eine Verantwortung gegenüber ihrem eigenen Leben und ihrer eigenen Gesundheit, aber auch gegenüber anderen Menschen.

100 Jahre Anwendung der Röntgenstrahlen in Medizin und Technik

Die heutige Medizin nutzt zahlreiche Apparate und Geräte, die häufig unter Verwendung elektronischer Bausteine dem Arzt Daten für seine Diagnostik liefern oder, wie z. B. Diathermiegeräte, unmittelbar in der Therapie eingesetzt werden können. Auf den Intensivstationen dienen medizinisch-technische Geräte zur Überwachung der Pulsfrequenz, des Blutdruckes und vieler anderer wichtiger Größen des Kreislaufsystems schwer erkrankter Patienten. Manche dieser Systeme beruhen auf den Möglichkeiten der heutigen Elektronik, insbesondere der Mikroelektronik, und sind erst seit wenigen Jahren im Einsatz.

Die von Röntgen entdeckten Strahlen finden in der Diagnostik genauso Anwendung wie in der Therapie. Ein spezielles Fachgebiet der Medizin, die Radiologie, basiert auf der Nutzung dieser Strahlen. So richteten in Frankfurt am Main die Ärzte Kratzenstein und Feuchtwanger 1898 medizinische Röntgenkabinette ein, und in den Frankfurter Städtischen Krankenanstalten wurde unter Carl von Noorden, Karl Herxheimer, Louis Rehn und Gustav Spiess erfolgreich mit Röntgenstrahlen gearbeitet. Im Jahre 1909 übernahm Walter Alwens die Röntgenabteilung der Schwenkenbergschen Klinik, und Franz Groedel baute 1910 am Hospital zum Heiligen Geist eine zentrale Röntgenabteilung auf. Ähnlich verlief die Entwicklung in vielen anderen Orten. An den medizinischen Fakultäten konnten sich die ersten Vertreter des Faches Röntgenkunde, des Vorläufers der Radiologie, habilitieren.

Gegenstand dieses neuen Faches war vor allem die Diagnostik, wie sie Röntgen bereits in seiner ersten Mitteilung über die neue Art von Strahlen durch die Aufnahme einer Hand aufgezeigt hatte (Abb. 2).

Das Prinzip besteht darin, mit Hilfe der durchdringenden Röntgenstrahlung ein Schattenbild des menschlichen Körpers zu erzeugen, wobei die Schattenbildung durch das unterschiedliche Schwächungsvermögen der Organe, Weichteile und Knochen des Körpers entsteht.

Weil die Röntgenstrahlen für das menschliche Auge nicht sichtbar sind, bedarf es eines Bildwandlers.

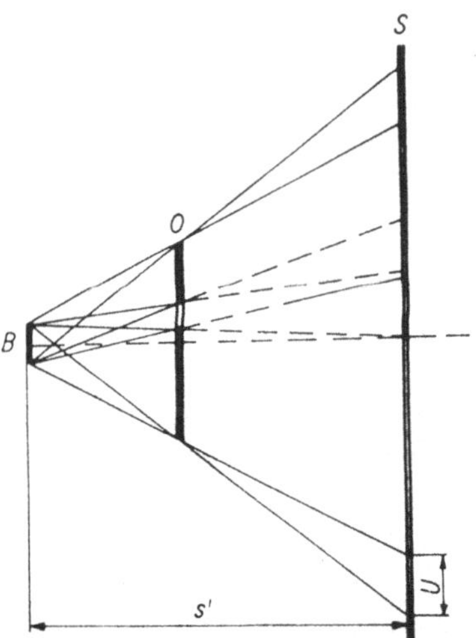

Abb. 18: Prinzip der Röntgenbilderzeugung (reale Zentralprojektion): Die von dem optischen Brennfleck B einer Röntgenröhre ausgehende Röntgenstrahlung durchsetzt geradlinig ein Objekt O mit Bereichen unterschiedlicher Schwächung. Auf dem Schirm S im Abstand s' vom Brennfleck entsteht ein Schattenbild des Objektes, dessen Konturen infolge der Brennfleckgröße eine geometrische Unschärfe U besitzen

Röntgen benutzte dazu die photographische Platte. Auf ihr erzeugen die Röntgenstrahlen ein latentes Bild, welches nach der Entwicklung jene Stellen, an denen die Strahlung geschwächt auftrat, weniger geschwärzt erkennen läßt als die ungeschwächten Bereiche. Diese Methode besitzt verschiedene Nachteile. So entsteht bei zu großem Brennfleckdurchmesser der Röntgenröhre eine geometrische Bildunschärfe (Abb. 18). Sie kann auf geometrischem Wege verringert werden. Dazu muß der Abstand des Fokus, d. h. des Brennfleckes auf der Anode der Röhre, vom Objekt möglichst groß gewählt werden und der Abstand der Photoplatte vom Objekt möglichst klein. Allerdings wird durch diese Maßnahmen der Abbildungsmaßstab verringert. Heute können Diagnostik-Röntgen-Röhren mit einem sehr kleinen optischen Brennfleck hergestellt werden. Darunter versteht man die rechtwinklige Parallelprojektion des elektrischen Brennfleckes auf eine zum Zentralstrahl senkrechte Ebene. Die häufigsten Brennfleckgrößen liegen zwischen 0,3 mm * 0,3 mm und 2,0 mm * 2,0 mm.

Der andere Nachteil besteht in den relativ langen Belichtungszeiten für eine Röntgenaufnahme, die eine hohe Strahlenbelastung des Patienten bedeuten. Zu einer Verkürzung der Belichtungszeiten führte der geniale Gedanke, direkt hinter der photographischen Platte einen fluoreszierenden Leuchtschirm anzuordnen. Diese Eigenschaft einiger Kristalle, bei der Bestrahlung mit Röntgenstrahlen sichtbares Licht auszusenden, war es ja gewesen, welche Röntgens Aufmerksamkeit auf die neuen Strahlen gelenkt hatte. Die Nutzung der Fluoreszenz verbesserte die Röntgenaufnahmetechnik, weil die photographische Schicht für sichtbares Licht wesentlich empfindlicher ist als für Röntgenstrahlung. Wie so oft bei wichtigen Erfindungen wurde diese Idee an mehreren Stellen gleichzeitig verwirklicht. In Italien waren es Baletti und Garbasso, in Frankreich Henry, in Amerika Pupin und in England Stroud, die einen "Verstärkungsschirm" beschrieben. Heute besteht die Verstärkerfolie aus einem Schichtträger, der mit Kalziumwolframat-Leuchtstoffkristallen belegt ist. Da Röntgenfilme beidseitig eine Photoemulsion tragen, werden während der Aufnahme beide Seiten mit je einer Verstärkerfolie in engen Kontakt gebracht. Mit diesen Verstärkerfolien gelingt es, die für die Aufnahme notwendige Belichtungszeit und damit die Strahlendosis wesentlich herabzusetzen.

Eine weitere Reduzierung der Strahlenbelastung durch die Röntgendiagnostik ermöglichen die Bildverstärker. Sie setzen aufgrund eines elektronischen Vorgangs das Röntgenlicht in sichtbares Licht um, wobei gleichzeitig ein Leuchtdichtegewinn, d. h. eine Steigerung der Bildhelligkeit, erreicht wird. Der Bildverstärker ist ein Vakuumrohr mit einer Photokathode. Diese transformiert das Röntgenbild in eine entsprechende Verteilung von Photoelektronen, die durch ein elektrisches Feld beschleunigt und durch ein System von Elektronenlinsen auf einem verkleinerten Ausleuchtungsschirm abgebildet werden. Bei der Lupenbetrachtung des Ausgangsbildes bleibt der Leuchtdichtegewinn erhalten.

Die Anwendung der Röntgenstrahlen in der medizinischen Diagnostik ist lange Zeit trotz großer technischer und medizinischer Vervollkommnung im wesentlichen unverändert geblieben. Es handelt sich bei diesem Anwendungsgebiet um die Verwendung von Röntgenstrahlen, die Röntgenröhren mit einer Betriebsspannung von 60 Kilovolt und 120 Kilovolt entstammen. Die Energie der Strahlenquanten für diagnostische Zwecke beträgt damit rund 100 Kiloelektronenvolt.

Leider ermöglicht das Prinzip der Zentralprojektion nicht die getrennte Darstellung einer in der Dicke wählbaren Körperschicht von den übrigen in der Röntgenaufnahme dargestellten Schichten, denn die vor oder hinter einer besonders interessierenden Schicht liegenden Bereiche werden von der Zentralprojektion in mehr oder weniger starkem Maße mit erfaßt.

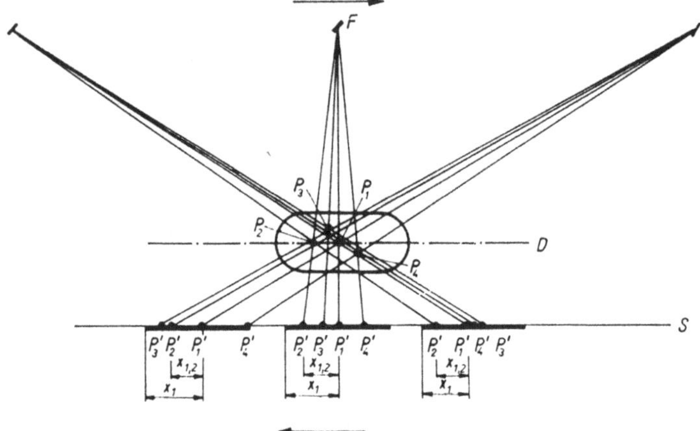

Abb. 19: Prinzip der Röntgentomographie: Bewegen sich Brennfleck F (d. h. die Röntgenröhre) und Filmkassette S parallel und gegenläufig zueinander, so bleiben die in der Drehpunktebene D liegenden Strukturen P_1 und P_2 des Körpers K mit ihren Bildpunkten P_1' und P_2' immer an der gleichen Stelle x_1 bzw. x_2 des Filmes, während die Bildpunkte P_3' und P_4' der außerhalb der Ebene D liegenden Strukturen P_3 und P_4 auf dem Film an jeweils andere Stellen wandern, so daß sie infolge der Bewegungsunschärfe verwischt werden

Eine Abhilfe schafft erst des Prinzip der Tomographie (Abb. 19). Es besteht darin, alle unter oder über der zu untersuchenden Körperschicht liegenden Strukturen durch eine gekoppelte Bewegung von Röhre und Film zu verwischen. Nur die in der Drehpunktebene, d. h. in der Ebene, in welcher der scheinbare Drehpunkt des Röntgenlichtbündels bei einer gekoppelten Bewegung von Röhre und Film liegt, enthaltenen Strukturen werden dabei scharf abgebildet. Durch die Verlagerung der Drehpunktebene kann die jeweils gewünschte Schichttiefe gewählt werden. Nachdem mehr als 70 Jahre eine erfolgreiche Röntgendiagnostik betrieben worden war und kaum jemand daran dachte, daß die bekannten Routineverfahren in irgendeiner Form durch eine neue Methode ergänzt werden könnten, entstand mit Hilfe der heutigen schnellen Rechenanlagen die Computer-Tomographie und entwickelte sich zu einer neuen wertvollen diagnostischen Möglichkeit, basierend auf der elektronischen Bildrekonstruktion. Damit erfuhren die Röntgenstrahlen, viele Jahrzehnte nach ihrer Entdeckung, zusätzliche klinisch-diagnostische Bedeutung.

Das Verfahren, aus einzelnen punktuellen Informationen über ein Objekt das Bild dieses Objektes zu rekonstruieren, ist jedoch nicht auf die mit Röntgenstrahlen gewonnenen Informationen beschränkt. Die durch sehr kurze Schallwellen (Ultraschall) gewonnenen Informationen können mit ähnlichen Methoden zu einem Bild zusammengefügt werden. So entstand die Ultraschall-Tomographie.

Mit Hilfe der Kernresonanz wurde in neuerer Zeit die Kernresonanz-Tomographie (NMR-Tomographie) entwickelt. Hierbei kommen starke magnetische Felder zur Anwendung, in denen sich Atomkerne und Protonen mit ihrem Drehimpuls, Spin genannt, in bestimmte Richtungen einstellen können. Bei Absorption einer elektromagnetischen Hochfrequenzstrahlung ändern diese Teilchen ihre Orientierung im Magnetfeld. Aus der dazu benötigten Energie läßt sich ein Protonendichtebild des Objektes gewinnen, mit dem, ähnlich wie bei der Computer-Tomographie, eine Bildrekonstruktion des Objektes erfolgen kann. Gegenwärtig sind jedoch unsere Kenntnisse über die Wirkung starker magnetischer Felder auf den menschlichen Organismus noch relativ gering. Wenn auch nicht zu erwarten ist, daß starke Magnetfelder ähnlich drastische Wirkungen wie die Röntgenstrahlen auslösen werden, so ist doch eine genaue Untersuchung der Wirkungsmöglichkeiten erforderlich, um gefahrlose Anwendungen dieser neuen diagnostischen Möglichkeit zu sichern.

Die Röntgenstrahlung hat neben der Diagnostik noch eine zweite Anwendung in der Medizin gefunden. Schon wenige Jahre nach der Entdeckung der Strahlen benutzte man ihre biologische Wirkung auf lebende Zellen, um Tumore durch Bestrahlung mit hohen Dosen zu zerstören. Dazu wurden spezielle Röntgenanlagen entwickelt, die mit Röhrenspannungen von bis zu 300 Kilovolt arbeiten.

Jedoch bleibt die Behandlung tiefliegender Herde problematisch. Es gelingt nicht, die erforderliche Strahlendosis ohne gleichzeitige Schädigung der gesunden Umgebung zu applizieren. Deshalb wurde versucht, durch gleichzeitige Einstrahlung aus mehreren Richtungen oder durch eine Bewegungsstrahlung die Herddosis zu steigern. Versuche, die Röhrenspannung zu erhöhen, stießen bald an die technischen Grenzen der Hochspannungsisolation.

Ein entscheidender Fortschritt gelang 50 Jahre nach Röntgens Entdeckung der Strahlen. Zu dieser Zeit waren für Experimente der Kernphysik Elektronenbeschleuniger entwickelt worden. Ihnen liegt der Gedanke zugrunde, Elektronen nicht nur einmal eine angelegte Hochspannung durchlaufen zu lassen, wie bei den Röntgenröhren, sondern die Elektronen mehrfach durch eine angelegte Spannung zu beschleunigen. Die um 1930 gemachten Lösungsvorschläge zeigten zwei Entwicklungsrichtungen auf: Beschleunigung auf einer Kreisbahn und Linearbeschleuniger. Aber erst Mitte der 50er Jahre gelang mit dem Betatron die technische Realisierung; etwa zehn Jahre später standen Linearbeschleuniger zur Verfügung.

Das Betatron ähnelt in seiner Wirkungsweise einem Transformator, dessen Sekundärspule von einer ringförmigen, hochevakuierten Beschleunigungsröhre gebildet wird (Abb. 20). An ihrem äußeren Rand befindet sich eine Elektronenquelle, von der Elektronen mit hoher Geschwindigkeit in das Innere der Beschleunigungsröhre injiziert werden. Ein von einem magnetischen Wechselfeld induziertes elektrisches Wirbelfeld beschleunigt die in der Röhre umlaufenden Elektronen. Bereits ein mittlerer Energiegewinn von etwa 20 Elektronenvolt pro Umlauf führt, da die Elektronen schon bald nahezu Lichtgeschwindigkeit erreichen, bei einem Bahnradius von 10 cm nach 1 Million Umläufen in etwa 5 Millisekunden zu einer kinetischen Energie der Elektronen von etwa 20 Millionen Elektronenvolt. Dazu sind allerdings Magnete mit einem Gewicht von 400 Kilogramm erforderlich.

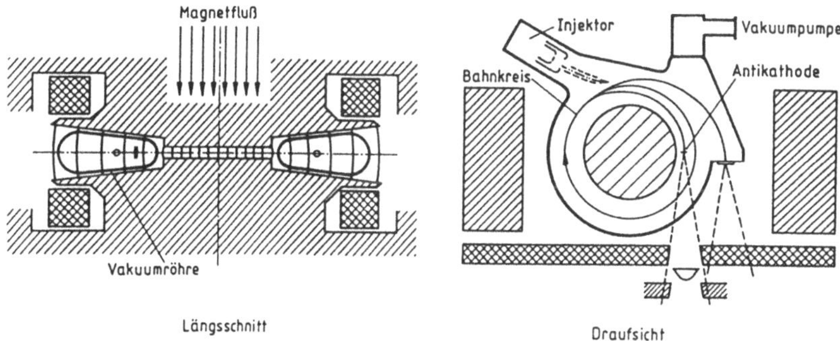

Abb. 20: Betatron, schematisch

Die hochbeschleunigten Elektronen werden auf eine am Innenrand der Röhre liegende Antikathode abgelenkt und erzeugen dort eine Röntgenstrahlung. Es ist auch möglich, die Elektronen durch ein dünnes Fenster aus der Röhre austreten zu lassen und so mit einer Betastrahlung zu arbeiten.

Ein Linearbeschleuniger besteht aus einem gut evakuierten geradlinigen Hohlleiter aus Kupfer, in dem ein leistungsstarker Hochfrequenzgenerator kurzwellige elektromagnetische Wellen erzeugt. Wenn der Hohlleiter so ausgelegt ist, daß die Ausbreitungsgeschwindigkeit der Welle der Geschwindigkeit der von einem Injektor am Rohreingang eingeschossenen Elektronen angepaßt ist, werden sie auf ihrem Weg durch das Rohr kontinuierlich beschleunigt. Schritthalten mit der Welle können jedoch nur Elektronen, die am Rohreingang eine passende Feldstärke vorfinden. Deshalb besteht nur in zwei bestimmten Phasen der elektromagnetischen Welle Akzeptanz. Gleichzeitig wird ein Regelvorgang wirksam, der bewirkt, daß eine sogenannte Phasenfokussierung die Akzeptanz verlängert. Auf diese Weise werden die Elektronen zu phasengerechten Paketen komprimiert (Abb. 21).

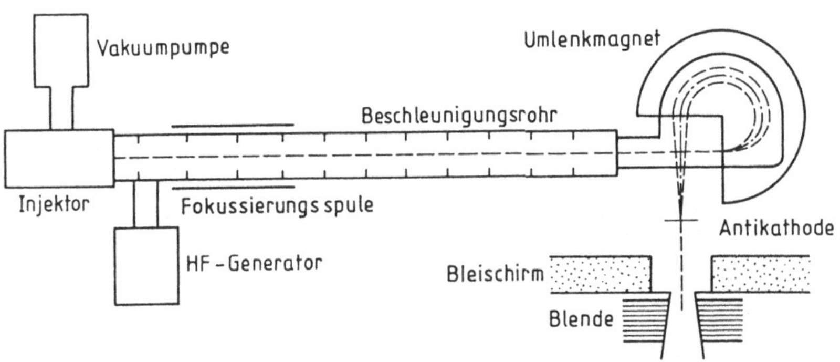

Abb 21: Aufbau eines Linearbeschleunigers

Die Endenergie der Elektronen im Linearbeschleuniger ist proportional zur Rohrlänge und zur Feldstärke im Rohr. Schon bei einer Baulänge von über 0,5 Meter wird - besonders bei hohen Energien - das Beschleunigungsrohr nicht unmittelbar auf den Patienten gerichtet, sondern es liegt meist parallel zur Drehachse des Bestrahlungstisches, auf dem der Patient liegt. Ein Magnetfeld lenkt die Elektronen am Ende des Rohres um 270° ab. Sie treffen auf die Antikathode auf oder gelangen durch ein Fenster nach außen.

Die für die Röntgentherapie benötigten energiereichen Röntgenstrahlen werden bevorzugt durch Linearbeschleuniger erzeugt. Schon 1970 konnte man die Beschleunigungsfeldstärke auf etwa 10 Megaelektronenvolt je Meter Rohrlänge des Beschleunigungsrohres steigern. Mit den heute technisch realisierbaren Linearbeschleunigern gelingt es, Röntgenstrahlen mit Energien von 20 Megaelektronenvolt zu erzeugen. Im Unterschied zum Betatron erlauben die Linearbeschleuniger hohe Strahlstromstärken schon bei relativ niedrigen Strahlenenergien. Damit lassen sich die Vorzüge, welche eine energiereiche Röntgen- und Elektronenstrahlung für die Therapie bieten können, praktisch voll ausschöpfen.

Ab 1955 haben auch die in Kernreaktoren herstellbaren Radionuklide, besonders das Kobalt 60, große Bedeutung für die Tiefentherapie erlangt. Diese Strahlenquelle ist klein, unkompliziert und sehr zuverlässig. Neue Wege für die Strahlentherapie könnten Bestrahlungen mit Neutronen oder schweren geladenen Teilchen eröffnen, da diese eine höhere relative biologische Wirksamkeit besitzen als Röntgenstrahlung.

Wenn auch die medizinische Anwendung der von Röntgen entdeckten Strahlen die Öffentlichkeit sicher am meisten beeindruckt, so darf doch nicht übersehen werden, daß es zahlreiche andere Anwendungsmöglichkeiten dieser Strahlen gibt. Nicht zuletzt hat Röntgen selbst in seiner im Mai 1897 abgeschlossenen Arbeit "Weitere Betrachtungen über die Eigenschaften der X-Strahlen" eine solche Möglichkeit aufgezeigt. Bei diesen Untersuchungen hat er mit Entladungsröhren gearbeitet, die ihm von der Firma Greiner & Friedrichs in Stützerbach in Thüringen zur Verfügung gestellt worden waren. Mit diesen Röhren untersuchte er die Durchlässigkeit verschiedener Körper für X-Strahlen.

Dabei hat Röntgen - wenn auch unbeabsichtigt - ein neues Arbeitsgebiet eröffnet: die zerstörungsfreie Materialprüfung, mit der sich Risse und andere Fehlstellen in Gußkörpern oder Maschinenbauteilen erkennen lassen.

Weil die Wellenlänge des Lichtes das Auflösungsvermögen eines Lichtmikroskopes begrenzt, müßten sich mit den sehr viel kürzeren Wellenlängen der Röntgenstrahlung wesentlich feinere Strukturen erkennen lassen. Gleichzeitig würde sich die große Durchdringungskraft der Röntgenstrahlen als ein weiterer Vorteil erweisen, da Objekte durchleuchtet werden könnten, die Licht nicht durchdringen kann.

Deshalb wurden Versuche unternommen, um Mikroskope für Röntgenstrahlung zu bauen. Dazu sind Linsen erforderlich. Aber werden Röntgenstrahlen auch gebrochen? Diese Frage hat Röntgen sich ebenfalls gestellt und schrieb bereits in seiner ersten Veröffentlichung:

Nachdem ich die Durchlässigkeit verschiedener Körper von relativ großer Dicke erkannt hatte, bemühte ich mich, zu erfahren, wie sich X-Strahlen beim Durchgang durch ein Prisma verhalten, ob sie darin abgelenkt werden oder nicht.

Und Röntgen kommt zu dem Schluß:

... die Ablenkung ist, wenn überhaupt vorhanden, jedenfalls so klein, daß der Brechungsexponent der X-Strahlen in den genannten Substanzen höchstens 1,05 sein könnte.

Dieses Resultat läßt erkennen, daß man mit Linsen die Röntgenstrahlung nicht konzentrieren kann. Trotzdem hat Röntgen es versucht. Jedoch erwiesen sich sowohl eine große Hartgummilinse als auch eine Glaslinse als unwirksam.

Die Röntgenstrahlung läßt sich auch durch elektrische und magnetische Felder nicht beeinflussen. Diese Beobachtung hat Röntgen ebenfalls schon in seiner ersten Mitteilung über die neuen Strahlen festgehalten:

... daß es mir trotz vieler Bemühungen nicht gelungen ist, auch in sehr kräftigen magnetischen Feldern eine Ablenkung der X-Strahlen durch den Magnet zu erhalten ... Versuche, um zu konstatieren, ob elektrostatische Kräfte in irgendeiner Weise die X-Strahlen beeinflussen können, sind zwar angefangen, aber noch nicht abgeschlossen.

Daher hat man versucht, Röntgenmikroskope mit Spiegelsystemen zu konstruieren. Hierbei wird die selektive Reflexion von Röntgenstrahlen an Kristallgitterebenen ausgenutzt. Nach diesem Prinzip lassen sich ringförmige Rotationskörper mit konvexen oder konkaven Reflexionsflächen herstellen. Mit einer monomolekularen Kristallschicht überzogen, ermöglichen sie so eine Strahlenführung. Auch sphärisch deformierte Einkristalle, wie z. B. Glimmer, lassen sich im Prinzip dazu verwenden. Doch ist es auf diesem Weg bisher noch nicht gelungen, ein Röntgenmikroskop zu bauen.

Durch Ausnutzung der Totalreflexion gelingt ebenfalls eine röntgenoptische Abbildung. Ein anderes Prinzip beruht auf der Abbildung durch Zentralprojektion. Damit läßt sich eine etwa 1000fache Vergrößerung erreichen, falls das Objekt sehr nahe an eine punktförmige Röntgenquelle gebracht wird. Die erhaltenen Bilder sind kontrastreicher als die lichtoptischen. Auch erlaubt die Röntgenmikroskopie die Untersuchung lebender Objekte.

Ein Jahrhundert ist vergangen, seitdem Röntgens Strahlen Medizin und Technik, Physik und Biologie neue Wege gewiesen haben. Unvorstellbar erscheint es in unserer Zeit der Großforschungseinrichtungen, daß die Physiker des ausgehenden 19. Jahrhunderts in der Lage waren, derart sensationelle Erkenntnisse mit einfachen Apparaturen zu gewinnen. Vieles von dem, was wir heute wissen und können, wäre unerreichbar geblieben, wenn nicht Wissenschaftler wie Röntgen, Hittorff, Lenard und viele andere sich intensiv mit jenem Phänomen beschäftigt hätten, welches zunächst kaum mehr als ein schöner farbiger Nebeneffekt beim Stromdurchgang durch Gasentladungsröhren zu sein schien.

Chronologie

1817 Thomas Young erklärt Licht als transversale Welle.

1820 Hans Christian Oerstedt demonstriert die Ablenkung der Magnetnadel durch den elektrischen Strom.

1822 Michael Faraday vermutet Zusammenhang zwischen Licht und Elektrizität.

1827 Georg Simon Ohm entdeckt das nach ihm benannte Gesetz.

1831 Faraday entwickelt die Feldvorstellung.

1842 Justus von Liebig erkennt die Äquivalenz von chemischer Energie, Wärme und Arbeit. Julius Robert Mayer behauptet die Gleichwertigkeit von Wärme und Arbeit. James Prescott Joule bestimmt das mechanische Wärmeäquivalent. Hermann von Helmholtz formuliert den Energiebegriff.

1845 27. März: Wilhelm Conrad Röntgen wird geboren.

1848 Familie Röntgen wandert nach Apeldoorn in Holland aus.
Werner von Siemens baut Telegraphenleitung von Frankfurt nach Berlin.

1849 Robert Kirchhoff formuliert die Maschenregeln für elektrische Leitungsnetze.

1850 Heinrich Daniel Ruhmkorff konstruiert Funkeninduktor.

1856 Heinrich Geißler erfindet die nach ihm benannten Röhren.

1857 Rudolf Imanuel Clausius formuliert den 2. Hauptsatz.

1859 Julius Plücker entdeckt Kathodenstrahlen.

1862 James Clerk Maxwell bringt die Ideen Faradays in eine mathematische Form.
Familie Röntgen verzieht nach Utrecht.

1865 Röntgen beginnt das Studium der Maschinenbaukunde in Zürich.

1866 August Kundt demonstriert stehende akustische Wellen.

1868 6. August: Röntgen erhält das Diplom als Maschinenbauingenieur.

1869 22. Juni: Promotion Röntgens. Verlobung mit Bertha Ludwig. Röntgen wird Assistent bei Kundt.
Johann Wilhelm Hittorff entdeckt die magnetische Ablenkbarkeit der Kathodenstrahlen.

1870 Röntgen geht mit Kundt nach Würzburg.

1871 Cromwell Fleetwood Varley entdeckt negative Ladung der Kathodenstrahlen.

1872 19. Januar: Röntgen heiratet Bertha Ludwig. Übersiedlung nach Straßburg.

1874 Habilitation für das Fach Experimentalphysik.

1875 Berufung als Professor für Physik und Mathematik an die Landwirtschaftliche Akademie zu Hohenheim.

1876 Ruf nach Straßburg als Professor für theoretische Physik.

1879 Berufung nach Gießen.

1879 William Crookes beschreibt durch Kathodenstrahlen ausgelöste Fluoreszenz.
1880 Alexander Graham Bell entdeckt optoakustischen Effekt (OAE).
1881 John Tyndall gibt eine Deutung des OAE.
      Röntgen untersucht den OAE experimentell.
1888 Röntgen beweist die Äquivalenz von mechanisch bewegten Ladungen und dem elektrischen Strom.
      Berufung Röntgens nach Würzburg.
      Hallwachs entdeckt Photoeffekt.
1890 Goodspeed beobachtet Schwärzung einer Photoplatte nach Vorführung einer Kathodenstrahlröhre.
1892 Heinrich Hertz zeigt, daß Kathodenstrahlen dünne Metallfolien durchdringen.
1894 Philipp Lenard arbeitet mit Kathodenstrahlen.
      Röntgen wird Rektor in Würzburg.
1895 8. November: Entdeckung der X-Strahlen. Erste Röntgenaufnahme einer menschlichen Hand.
      28. Dezember: Veröffentlichung der ersten Mitteilung.
1896 Vortrag beim Kaiser. Vortrag an der Würzburger Physikalisch-Medizinischen Gesellschaft. Rudolf Albert von Kölliker schlägt vor, die X-Strahlen als Röntgensche Strahlen zu bezeichnen. Verleihung des Kronenordens. Verleihung des Ehrenbürgerrechtes der Stadt Lennep.
      Henri Becquerel entdeckt die Radioaktivität.
1900 Röntgen erhält Bernard-Medaille. Übersiedlung nach München.
      Max Planck stellt Strahlungsformel auf.
1901 10. Dezember: 1. Nobelpreis für Physik an Röntgen verliehen.
1902 Philipp Lenard untersucht Photoeffekt.
1905 Albert Einstein gibt eine Deutung des Photoeffektes.
      Charles Glover Barkla entdeckt die Polarisierbarkeit der Röntgenstrahlung.
1908 Friedrich Dessauer demonstriert therapeutische Wirkung der Röntgenstrahlung.
1911 Ernest Rutherford stellt Atommodell auf.
      Calvin Coolidge erfindet Glühkathode.
1912 Walter Friedrich und Paul Knipping demonstrieren Beugung der Röntgenstrahlen.
1913 Bragg (Vater und Sohn) bestimmen Wellenlänge der Röntgenstrahlen.
      Niels Bohr entwickelt quantenmechanisches Atommodell.
1919 Bertha Röntgen gestorben.
1920 Röntgen veröffentlich zusammen mit Joffe seine letzte Arbeit.
1922 Dessauer formuliert Trefferprinzip der Strahlenwirkung.
1923 10. Februar: Wilhelm Conrad Röntgen gestorben.

1923 Arthur Holly Compton entdeckt Streueffekt der Röntgenstrahlen.
10. November: Beisetzung der Urne Röntgens im Grabe seiner Frau und seiner Eltern in Gießen.

1927 Hermann Joseph Muller beobachtet durch Röntgenstrahlen ausgelöste Mutationen.

1930 30. November: Gründung des Deutschen Röntgen-Museums in Remscheid-Lennep.

1937 Boris Rajewsky gründet erstes Institut für Biophysik.

1957 8. Dezember: Namensgebung "Deutsches Röntgen-Museum" in Remscheid-Lennep.

1959 20. Juli: Eröffnung des erweiterten Museums.

Literatur

Röntgens wissenschaftliche Veröffentlichungen:

[1] Vragen op het anorganisch gedeelte van het Scheikundig Leerboek van Dr. J. W. Gunning. Schoonhoven 1865.

[2] Studien über Gase. Inaugural Dissertation zur Erlangung der Doctorwürde vorgelegt der hohen philosophischen Fakultät der Universität Zürich. 1869.

[3] Über die Bestimmung des Verhältnisses der spezifischen Wärmen der Luft. Ann. Physik u. Chem. 141 (1870) 552.

[4] Bestimmung des Verhältnisses der spezifischen Wärmen bei konstantem Druck zu derjenigen bei konstantem Volumen für einige Gase. Ann. Phys. u. Chem. 148 (1873) 580.

[5] Über das Löten von platinierten Gläsern. Ann. Phys. u. Chem. 150 (1873) 331.

[6] Über fortführende Entladungen der Elektrizität. Ann. Physik u. Chem. 151 (1874) 226.

[7] Über eine Variation der Senarmontschen Methode zur Bestimmung der isothermen Flächen in Kristallen. Ann. Physik u. Chem. 151 (1874) 603.

[8] Über eine Anwendung des Eiskalorimeters zur Bestimmung der Intensität der Sonnenstrahlung. (mit Exner). Wien. Ber. (2) 69 (1874) 228.

[9] Über das Verhältnis der Querkontraktion zur Längsdilation bei Kautschuk. Ann. Physik u. Chem. 159 (1876) 601.

[10] A telefonic alarm. Nature (Lond.) 17 (1877) 164.

[11] Mitteilung einiger Versuche aus dem Gebiet der Kapillarität. Ann. Physik u. Chem., N. F. 3 (1878) 321.

[12] Über ein Aneroidbarometer mit Spiegelablesung. Ann. Physik u. Chem., N. F. 4 (1878) 305.

[13] Über eine Methode zur Erzeugung von Isothermen auf Kristallen. Z. Kryst. 3 (1878) 17.

[14] Über Entladungen der Elektrizität in Isolatoren. Göttinger Nachr. 1878, 390.

[15] Nachweis der elektromagnetischen Drehung der Polarisationsebene des Lichtes im Schwefelkohlenstoffdampf (mit Kundt). Münch. Ber. 8 (1878) 546.

[16] Nachtrag zu 15. (mit Kundt). Münch. Ber. 9(1879) 30.

[17] Über die elektromagnetische Drehung der Polarisationsebene in Gasen (mit Kundt). Ann. Phys. u. Chem., N. F. 8 (1879) 278.

[18] Über die von Herrn Kerr gefundene neue Beziehung zwischen Licht und Elektrizität. Ann. Physik u. Chem., N. F. 10 (1880) 77.

[19] Über die elektromagnetische Drehung der Polarisationsebene des Lichtes in Gasen. 2. Abhandlung (mit Kundt). Ann. Physik u. Chem., N.F. 10 (1880) 257.

[20] Über die durch Elektrizität bewirkten Form- und Volumenveränderungen von dielektrischen Körpern. Ann. Physik u. Chem., N. F. 11 (1880) 771.

[21] Über Töne, welche durch intermittierende Bestrahlung eines Gases entstehen. Ann. Physik u. Chem., N. F. 12 (1881) 155.

[22] Versuche über die Absorption von Strahlen durch Gase, nach einer neuen Methode ausgeführt. Ber. d. Oberhess. Ges. f. Nat. u. Heilk. 20 (1881) 52.

[23] Über die durch elektrische Kräfte erzeugte Änderung der Doppelbrechung des Quarzes. Ann. Physik u. Chem., N. F. 18 (1883) 213, 534.

[24] Bemerkungen zur Abhandlung des Herrn A. Kundt: Über das optische Verhalten des Quarzes im elektrischen Feld. Ann. Physik u. Chem., N. F. 19 (1883) 319.

[25] Über die thermo-, aktino- und piezo-elektrischen Eigenschaften des Quarzes. Ann. Physik u., Chem., N. F. 19 (1883) 513.

[26] Über einen Vorlesungsapparat zur Demonstration des Poiseuilleschen Gesetzes. Ann. Physik u. Chem., N. F. 20 (1883) 268.

[27] Über den Einfluß des Druckes auf die Viskosität der Flüssigkeiten, speziell des Wassers. Ann. Phys u. Chem. N. F. 22 (1884) 510.

[28] Neue Versuche über die Absorption von Wärme durch Wasserdampf. Ann. Physik u. Chem., N. F. 23 (1884) 1, 259.

[29] Versuche über die elektromagnetische Wirkung der dielektrischen Polarisation. Math. u. Naturw. Mitt. a. d. Sitzungsber. preuß. Akad. Wiss. Physik-math. Kl. 89 (1885).

[30] Über die Kompressibilität und Oberflächenspannung von Flüssigkeiten (mit Schneider). Ann. Physik u. Chem., N. F. 29 (1886) 165.

[31] Über die Kompressibilität von verdünnten Salzlösungen und die des festen Chlornatriums (mit Schneider). Ann. Physik u. Chem., N. F. 31 (1887) 1000.

[32] *Über die durch Bewegung eines im homogenen elektrischen Feld befindlichen Dielektrikums hervorgerufene elektrodynamische Kraft. Math. u. Naturw. Mitt. a. d. Sitzungsber. preuß. Akad. Wiss. Physik-math. Kl. 7 (1888).*

[33] Über die Kompressibilität des Wassers (mit Schneider). Ann. Physik u. Chem., N. F. 33 (1888) 644.

[34] Über die Kompressibilität des Sylvins, des Steinsalzes und der wässrigen Chloralkaliumlösungen (mit Schneider). Ann. Physik u. Chem., N.F. 34 (1888) 531.

[35] Über den Einfluß des Druckes auf die Brechungsexponenten von Schwefelkohlenstoff und Wasser (mit Zehnder). Ber. d. Oberhess. Ges. f. Nat. u. Heilk. 28 (1888) 58.

[36] Elektrische Eigenschaften des Quarzes. Ann. Physik u. Chem., N.F. 39 (1889) 16.

[37] Beschreibung des Apparates, mit welchem die Versuche über die elektrodynamische Wirkung bewegter Dielektrika ausgeführt wurden. Ann. Physik u. Chem., N. F. 40 (1890) 93.

[38] Einige Vorlesungsversuche. Ann. Physik u. Chem., N. F. 40 (1890) 109.

[39] Über die Dicke von kohärenten Ölschichten auf der Oberfläche des Wassers. Ann. Physik u. Chem., N. F. 41 (1890) 321.

[40] Über die Kompressibilität von Schwefelkohlenstoff, Benzol, Äthyläther und einigen Alkoholen. Ann. Physik u. Chem., N. F. 44 (1891) 1.

[41] Über den Einfluß des Druckes auf die Brechungsexponenten von Wasser, Schwefelkohlenstoff, Benzol, Äthyläther und einigen Alkoholen (mit Zehnder). Ann. Physik u. Chem., N. F. 44 (1891) 24.

[42] Über die Konstitution des flüssigen Wassers. Ann. Physik u. Chem., N. F. 45 (1892) 91.

[43] Kurze Mitteilungen von Versuchen über den Einfluß des Druckes auf einige physikalische Erscheinungen. Ann. Physik u. Chem., N. F. 45 (1892) 98.

[44] Über den Einfluß der Kompressionswärme auf die Bestimmung der Kompressibilität von Flüssigkeiten. Ann. Physik u. Chem., N. F. 45 (1892) 560.

[45] Verfahren zur Herstellung reiner Wasser- und Quecksilberoberflächen. Ann. Physik u. Chem., N. F. 46 (1892) 152.

[46] Über den Einfluß des Druckes auf das galvanische Leitungsvermögen von Elektrolyten. Nachr. Ges. Wiss. Göttingen, Math.-physik. Kl. 1893, S. 505.

[47] Zur Geschichte der Physik an der Universität Würzburg. Würzburg 1894, S.23.

[48] Notiz über die Methode zur Messung von Druckdifferenzen mittels Spiegelablesung. Ann. Physik u. Chem., N. F. 51 (1894) 414.

[49] Mitteilung einiger Versuche mit einem rechtwinkligen Glasprisma. Ann. Physik u. Chem., N. F. 52 (1894) 589.

[50] Über den Einfluß des Druckes auf die Dielektrizitätskonstante des Wassers und des Äthylalkohols. Ann. Physik u. Chem., N. F. 52 (1894) 593.

[51] *Über eine neue Art von Strahlen. Sitzungsber. physik.-med. Ges. Würzburg 1895, 137.*

[52] *Eine neue Art von Strahlen, 2. Mitteilung. Sitzungsber. physik.-med. Ges. Würzburg 1896, 11, 17.*

[53] *Weitere Beobachtungen über die Eigenschaften der X-Strahlen. Math. u. Naturw. Mitt. a. d. Sitzgsber. preuß. Akad. Wiss. Physik.-math. Kl. 1897, 392.*

[54] Erklärung. Physik. Z. 5 (1904) 168.

[55] Über die Leitung der Elektrizität in Kalkspat und über den Einfluß der X-Strahlen darauf. Sitzungsber. bayer. Akad. Wiss. Math-phys. Kl. 37(1907) 113.

[56] Friedrich Kohlrausch. Sitzgsber. bayer. Akad. Wiss., Math.-physik. Kl. 40 Schluß-H. (1910) 26.

[57] Bestimmung des thermischen linearen Ausdehnungskoeffizienten von Cuprit und Diamant. Sitzgsber. bayer. Akad. Wiss., Math.-physik. Kl. (1912) 381.

[58] Über die Elektrizitätsleitung in einigen Kristallen und über den Einfluß der Bestrahlung darauf (mit Joffe). Ann. Phys. IV 41 (1913) 449.

[59] Pyro- und piezo-elektrische Untersuchungen. Ann. Physik IV. F. 45 (1914) 737.

[60] Über die Elektrizitätsleitung in einigen Kristallen und über den Einfluß der Bestrahlung darauf (in Gemeinschaft mit A. Joffe). Ann. Physik. IV. F 64 (1921) 1.

Röntgens Arbeiten [32], [51], [52] und [53] werden gemeinhin als die wichtigsten bezeichnet.

Literatur über Röntgen:

Boveri, M.:   Wilhelm Conrad Röntgen (1845-1923). Aus der Reihe "Die großen Deutschen". Berlin 1956.

Dessauer, F.:   Wilhelm Conrad Röntgen. Die Offenbarung einer Nacht. Olten 1946.

Gerlach, W.:   Wilhelm Conrad Röntgen. Ein Leben im Dienste der Wissenschaft. Eine Dokumentation von H. Otremba. Würzburg 1970

Glasser, O.:   Wilhelm Conrad Röntgen als Physiker. Röntgenblätter 5 (1952) 147.

Glasser, O.:   Wilhelm Conrad Röntgen und die Geschichte der Röntgenstrahlen mit einem Beitrag "Persönliche Erinnerungen an Röntgen" von Dr. Margret Boveri. Berlin 1958.

Hennig, U.:   Deutsches Röntgen-Museum Remscheid Lennep. Braunschweig 1989.

Laue, M. v.:   Zum Gedächtnis Wilhelm Conrad Röntgens. Die Naturwissenschaften 1 (1946) 3.

Sommerfeld, A.:   Zu Röntgens 70. Geburtstag. Physikalische Zeitschrift 16 (1915) 162.

Sommerfeld, A.:   Vorlesungen über theoretische Physik, Band I, S. VII. 3. Auflage. Leipzig 1947.

Streller, E.:   Physikerbriefe in W. C. Röntgens Nachlaß. Röntgenblätter 18 (1965) 220.
                     Röntgens Leben und Werk. München 1973.

Wölfflin, E.:   Persönliche Erinnerungen an Wilhelm Conrad Röntgen. Ciba Symposium 5 (1957) 111.

Wylick, W.A.H.:   Röntgen und die Niederlande. Gesellschaft der Freunde und Förderer des Deutschen Röntgen-Museums e.V. Remscheid-Lennep 1975.

Zehnder, L.:   Wilhelm Conrad Röntgen. Würzburg 1930 (Lebensläufe aus Franken IV).

Personenverzeichnis

Sachwortverzeichnis

Einblicke in die Wissenschaft

B. G. Teubner Verlagsgesellschaft
Stuttgart · Leipzig

Hochschulverlag AG an der ETH
Zürich